机电集成技术（初级）

主　编　王美姣　金宁宁　曹坤洋
副主编　王东辉　张保生　任艳艳　张大维
参　编　刘　浪　庞　浩

北京理工大学出版社
BEIJING INSTITUTE OF TECHNOLOGY PRESS

内容简介

本书的编写以《工业机器人集成应用职业技能等级标准》为依据，围绕机电集成技术行业领域工作岗位群的能力需求，充分融合课程教学特点与职业技能等级标准内容，进行整体内容的设计。本书采用新型活页式印刷，更加强调知识和任务操作之间的匹配性，以机电集成技术应用中典型工作任务为主线，以项目化、任务化形式整理教学内容，采用知识页、任务页展现任务内的理论知识与职业技能，使读者可以根据岗位需求读取、掌握对应的知识和任务实施技能。

本书内容包含机电集成系统认知与搭建、机电集成系统安装、机电集成系统程序开发和机电集成系统调试，共计4个领域的实训项目。项目包含若干任务以及项目知识测试和职业技能测试在内的项目评测，任务内包含若干知识页和任务页，便于教学的实施和重点内容的掌握。

本书适用于"1+X"证书制度试点教学、相关专业课证融通课程的教学，也可应用于机电集成技术相关应用企业的培训等。

版权专有　侵权必究

图书在版编目（CIP）数据

机电集成技术：初级／王美姣，金宁宁，曹坤洋主编． -- 北京：北京理工大学出版社，2021.9（2022.6重印）

ISBN 978-7-5763-0360-5

Ⅰ.①机… Ⅱ.①王… ②金… ③曹… Ⅲ.①机电系统-系统设计 Ⅳ.①TH-39

中国版本图书馆 CIP 数据核字（2021）第 190212 号

出版发行 /	北京理工大学出版社有限责任公司
社　　址 /	北京市海淀区中关村南大街5号
邮　　编 /	100081
电　　话 /	（010）68914775（总编室）
	（010）82562903（教材售后服务热线）
	（010）68944723（其他图书服务热线）
网　　址 /	http://www.bitpress.com.cn
经　　销 /	全国各地新华书店
印　　刷 /	定州市新华印刷有限公司
开　　本 /	889毫米×1194毫米　1/16
印　　张 /	12.25
字　　数 /	245千字
版　　次 /	2021年9月第1版　2022年6月第2次印刷
定　　价 /	48.00元

责任编辑 /	陆世立
文案编辑 /	陆世立
责任校对 /	周瑞红
责任印制 /	边心超

图书出现印装质量问题，请拨打售后服务热线，本社负责调换

前言

2019年4月10日，教育部等四部委联合印发《关于在院校实施"学历证书+若干职业技能等级证书"制度试点方案》，部署启动了"1+X"证书制度试点工作，以人才培养培训模式和评价模式改革为突破口，提高人才培养质量，夯实人才可持续发展基础。《工业机器人集成应用职业技能等级标准》等与机电集成技术高度相关的职业技能等级证书的出现，为职业教育提供了可供遵循的职业技能标准。"1+X"证书制度是适应现代职业教育的制度创新衍生的，其目标是提高复合型技术技能人才培养与产业需求契合度，化解人才供需结构矛盾。

智能制造已成为机械工业调结构、转方式、换动能的重要引擎。工业改革升级成为推动我国国民经济发展的主要驱动力。如何实现智能制造产业，是当今我国工业改革中重点关注的问题。随着智能技术的不断发展，传统硬性生产线生产精度低、人工投入量大、能耗高等缺点日益突出。为了解决这一问题，工业生产线正不断向FMS、FMC柔性制造生产线方向发展，以工业机器人为操作主体，通过智能终端统一控制生产线，实现智能制造模式。2020年4月24日，人力资源社会保障部会同市场监管总局、国家统计局发布智能制造工程技术人员等16个新职业信息，数百万智能制造工程技术从业人员将以职业身份正式登上历史舞台。智能制造技术包括自动化、信息化、互联网和智能化4个层次，其中机电集成技术是智能装备中不可或缺的重要组成部分。

为了应对智能制造领域中机电集成技术相关的机械安装调试、电气安装调试、操作编程、运行维护等岗位的人才需求缺口，广大职业院校陆续开设了相关的课程，专业的建设需要不断加强与相关行业的有效对接，"1+X"证书制度试点是促进技术技能人才培养培训模式和评价模式改革、提高人才培养质量的重要举措。

河南职业技术学院参照1+X工业机器人集成应用职业技能等级标准，协同北京华航唯实机器人科技股份有限公司、许昌职业技术学院共同开发了本套教材。本书由河南职业技术学院王美姣、金宁宁、曹坤洋任主编。具体编写分工为：王美姣编写项目4，金宁宁编写任务3.3，曹坤洋编写项目1和任务3.2，许昌职业技术学院张保生编写任务3.4，河南职业技术学院任艳艳编写项目2和任务3.2，王东辉和北京华航唯实机器人科技股份有限公司张大维负责审稿。本书在编写过程中得到了北京华航唯实机器人科技股份有限公司刘浪、庞浩等工程师的帮助，参与案例的设计等工作，同时参阅了部分相关教材及技术文献内容，在此一并表示衷心的感谢。

本套教材分为初级、中级、高级三部分，以智能制造企业中机械安装调试、电气安装调试、操作编程、运行维护等岗位相关从业人员的职业素养、技能需求为依据，采用项目引领、任务驱动理念编写，使用知识页、任务页的活页式展现知识内容和技能内容，以实际应用中典型工作任务为主线，配合实训流程，详细的剖析讲解以工业机器人为主体的智能制造领域中机电集成技术岗位所需要的知识及技能。培养具有安全意识，能理解机电集成系统技术文件，能完成机电集成系统虚拟构建，能根据机械装配图、气动原理图和电气原理图完成系统安装，能遵循规范进行程序开发与调试的能力。

本书采用新型活页式印刷，更加强调知识和任务操作之间的匹配性，通过资源标签或者二维码链接形式，提供了配套的学习资源，利用信息化技术，采用PPT、视频、动画等形式对书中的核心知识点和技能点进行深度剖析和详细讲解，降低了读者的学习难度，有效提高学习兴趣和学习效率。

由于编者水平有限，对于书中不足之处，希望广大读者提出宝贵意见。

编 者
2021 年 5 月

目录

项目一　机电集成系统认知与搭建 ·· 001（1—1）

 任务 1.1　机电集成系统技术文件识读 ································ 002（1—2）

  知识页——机电集成系统技术文件识读基础 ························ 002（1—2）

  任务页——识读机电集成系统技术文件 ···························· 013（1—13）

 任务 1.2　机电集成系统虚拟构建 ····································· 021（1—21）

  知识页——机电集成系统虚拟构建 ································ 021（1—21）

  任务页——机电集成系统虚拟构建 ································ 029（1—29）

 项目评测 ·· 039（1—39）

项目二　机电集成系统安装 ·· 041（2—1）

 任务 2.1　机电集成系统装配操作 ····································· 042（2—2）

  知识页——机电集成系统安装内容 ································ 042（2—2）

  任务页——机电集成系统装配操作 ································ 049（2—9）

 任务 2.2　机电集成系统安全操作 ····································· 067（2—27）

  知识页——安全装置检查 ·· 067（2—27）

  任务页——机电集成系统安全操作 ································ 069（2—29）

 项目评测 ·· 075（2—35）

项目三　机电集成系统程序开发 ·· 079（3—1）

 任务 3.1　工业机器人参数设置与手动操作 ···························· 080（3—2）

  知识页——工业机器人基础操作与系统坐标系建立 ·················· 080（3—2）

  任务页——工业机器人参数设置与手动操作 ························ 087（3—9）

 任务 3.2　工业机器人程序开发 ······································· 103（3—25）

  知识页——工业机器人程序开发基础知识 ·························· 103（3—25）

任务页——工业机器人程序开发 ………………………………………………… 105（3—27）

 任务 3.3　PLC 程序开发 ……………………………………………………………… 116（3—38）

  知识页——PLC 程序开发基础知识 …………………………………………………… 116（3—38）

  任务页——PLC 程序开发 ……………………………………………………………… 133（3—55）

 任务 3.4　触摸屏程序开发 …………………………………………………………… 145（3—67）

  知识页——工程文件创建及组态基础知识 …………………………………………… 145（3—67）

  任务页——触摸屏程序开发 …………………………………………………………… 147（3—69）

 项目评测 ………………………………………………………………………………… 152（3—74）

项目四　机电集成系统调试 ………………………………………………………… 155（4—1）

 任务 4.1　机电集成系统通信配置与调试 …………………………………………… 156（4—2）

  知识页——工业机器人与 PLC 的通信关系 ………………………………………… 156（4—2）

  任务页——机电集成系统通信配置与调试 …………………………………………… 158（4—4）

 任务 4.2　常用电机及传感器参数配置与调试 ……………………………………… 167（4—13）

  知识页——伺服电机参数和位置传感器 ……………………………………………… 167（4—13）

  任务页——常用电机及传感器参数配置与调试 ……………………………………… 169（4—15）

 任务 4.3　机电集成系统维护 ………………………………………………………… 177（4—23）

  任务页——机电集成系统维护 ………………………………………………………… 177（4—23）

 项目评测 ………………………………………………………………………………… 186（4—32）

参考文献 ……………………………………………………………………………………… 189

项目一

机电集成系统认知与搭建

项目导言

集成是工业机器人自动化应用的重要组成，工业机器人本体需要通过集成才能为终端客户所用。一个工业机器人集成项目要涵盖方案设计、机械和电气设计、现场安装和调试生产等流程以满足工业生产的需求。

本项目主要从识读工作站技术文件和工作站模型搭建两个任务来学习工业机器人系统集成。通过识读工作站技术文件任务的学习，可以更好地掌握工作站集成设计的脉络流程。首先进行工作站方案说明书的识读，掌握方案说明书包含的内容与实际作用，了解工作站的功能组成，为后续机械、电气设计提供设计框架和思路；然后进行机械装配图、气动原理图、电气原理图的识读，掌握工作站技术文件包含的内容及作用，为集成设计打好基础。工作站模型搭建部分从模型搭建软件的基础操作出发，以实际案例为驱动，由浅入深的讲解模型装配体的流程，最终实现工作站指定单元的装配体构建。

工业机器人集成应用职业技能等级标准对照表

工作领域	工业机器人系统集成设计				
工作任务	1.1 工作站技术文件理解			1.2 工作站模型搭建	
任务分解	机电集成系统认知	机电集成系统机械图纸识读	机电集成系统电气图纸识读	三维建模软件基础操作	机电集成系统组件装配体创建
项目实施 职业能力	1.1.1 能识读工作站方案说明书，理解工作站的组成。 1.1.2 能识读工作站机械装配图，理解机械零部件的装配关系。 1.1.3 能识读工作站气动原理图，理解气路连接关系。 1.1.4 能识读工作站电气原理图，理解电气元件的接线方式。 1.2.1 能熟悉三维建模环境，创建装配文件。 1.2.2 能根据工作站组成图选取合适的零件模型进行部件装配。 1.2.3 能根据工作站组成图选取合适的部件进行工作站装配。				

任务 1.1　机电集成系统技术文件识读

在机电集成系统研制和生产的过程中，逐步形成了一系列包含文字、图样的技术文件，这些技术文件规定了工作站组成形式、结构尺寸、工作原理以及在制造使用和维修时所必需的技术数据和说明，是组织和指导生产、开展工艺管理、产品使用维护的依据。工业机器人集成项目的实施工作流程包含方案设计、机械和电气设计、现场安装和调试生产，而工业机器人集成设计的流程主要包含如图1-1所示的内容。

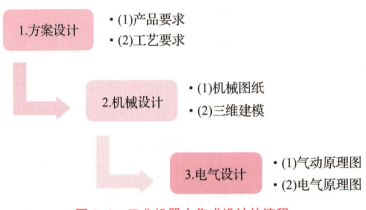

图1-1　工业机器人集成设计的流程

知识页——机电集成系统技术文件识读基础

1. 机电集成系统功能认知

下面以CHL-KH11智能制造单元系统集成应用平台方案说明书为例，进一步讲解如何识读方案说明书。

1）机电集成系统功能认知

此部分内容一般作为方案说明书的第一部分，是进行项目集成设计的初始条件。图1-2所示为方案说明书中关于CHL-KH11设备功能的内容，主要包含项目背景和工作站总体功能介绍。

在一些工业领域中，很多厂商是第一次使用工业机器人进行生产加工，对于采用什么样的工业机器人集成工作站才能实现产品的生产需求并不是很了解。因此，需要说明集成项目和产品生产工艺的背景，以便使客户需求与集成产品的设计方案相结合。

产品的生产工序即工艺流程关系到工业机器人工作站集成的方向，确定产品的生产工序对方案设计过程中设备型号的选型设计以及生产等有着重要的作用，所以需要说明工作站的总体功能需求。

2）工艺单元认知

此部分内容主要是说明书中关于CHL-KH11设备构成的内容，逐个单元的介绍工作站的构成，包含工业机器人的选型、夹具的设计、工作站的设计、外围非标设备的设计和详细的工艺流程等。如图1-3所示为方案说明书设备构成和布局在不同工艺流程中的功能。

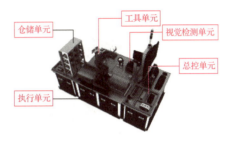

图1-2　CHL-KH11方案说明书功能部分内容

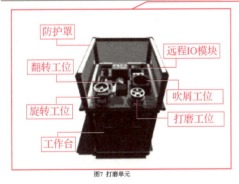

图1-3　CHL-KH11设备单元介绍

CHL-KH11智能制造单元系统集成应用平台采用模块化设计理念，由多个独立的工艺单元组成，可以根据工艺流程选择不同的工艺单元进行布局和拼装。工作站总共有9个独立的单元，分别为仓储单元、执行单元、打磨单元、视觉检测单元、工具单元、分拣单元、SCARA机器人单元、压装单元和总控单元。另外还有两个功能模块，分别是激光打标模块和RFID检测模块。图1-4所示为工作站的一种典型布局。

图1-4　智能制造单元系统集成应用平台典型布局

工作站由多个不同功能的工艺单元组成，具体如下：

（1）总控单元。

总控单元是各单元程序执行动作流程的总控制端，是工作站的核心单元，由工作台、控制模块、操作面板、电源模块、气源模块、显示终端、交换机、三色灯等组件构成。

控制模块由两个PLC和工业交换机构成，PLC通过工业以太网与各单元控制器、远程IO模块实现信息交互，用户可根据需求自行编制程序实现流程控制和功能。

操作面板提供了电源开关、急停开关和自定义按钮；智能制造单元系统集成应用平台其他工艺单元的电、气均由总控单元提供，通过所提供的线缆实现快速连接。

显示终端用于上位机界面显示和仿真调试软件内容展示，HMI人机界面可对应用平台实现信息监控、流程控制、订单管理等功能。

（2）仓储单元。

仓储单元用于临时存放零件，由工作台、双层立体仓库、远程IO模块、光电传感器等组件构成。

立体仓库为双层六仓位结构，每个仓位可存放一个零件。仓位托板可推出，方便工业机器人取放零件。每个仓位均设置有传感器和指示灯，配合使用可实现当前仓位是否存放有零件的检测和状态显示。

（3）工具单元。

工具单元用于存放快换工具，是执行单元的附属单元。

在智能制造单元系统集成应用平台的基础应用中，工具单元由工作台、工具支架、工具、示教器支架等组件构成。在涉及激光雕刻的工艺应用中,可选用激光打标模块,并将其安装在工具单元。工业机器人可通过程序控制运动到指定位置安装或释放工具,工具单元提供了打磨、抛光、夹爪、吸盘等不同类型的快换工具。

(4) 打磨单元。

打磨单元是对零件表面实施打磨工艺的工装夹具,由工作台、打磨工位、旋转工位、翻转工装、吹屑工位、防护罩、远程IO模块等组件构成。

打磨工位是实现打磨加工的主要工位;旋转工位可带动零件实现180°沿轴线旋转,方便切换打磨加工区域;翻转工装可实现零件在打磨工位和旋转工位的转移,并完成零件的翻面;吹屑工位可以实现吹除碎屑的功能。

(5) 分拣单元。

分拣单元可根据程序实现对不同零件的分拣动作,由工作台、传输带、分拣机构、分拣工位、远程IO模块、RFID检测模块等组件构成。

传输带可将放置到起始位的零件传输到RFID检测模块下,RFID读写器支持信息的读写;传输带可将零件送至相应的分拣机构;分拣机构可根据程序要求在不同位置拦截传输带上的零件,并将其推入指定的分拣工位;分拣工位可通过定位机构实现对滑入零件准确定位,并设置有传感器检测当前工位是否存有零件;分拣单元共有三个分拣工位,每个工位可存放一个零件。

(6) 视觉检测单元。

视觉检测单元可根据检测工艺需求对零件进行检测、识别,由环形光源、工业相机、镜头、光源控制器、CCD控制器、工作台等组成。智能视觉可根据不同的程序设置,实现条码识别、形状匹配、颜色检测、尺寸测量等功能。

(7) SCARA机器人单元。

SCARA机器人单元主要由SCARA机器人、机器人末端工具、物料存储模块、导锥工具、工作台等组成。主要用于压装单元处的上下料;SCARA机器人单元与执行单元构成双机器人工作流水线,可组合执行多种不同任务。

(8) 压装单元。

压装单元,主要由压装气缸、步进电机、直线运动机构、行程开关、力传感器及数显仪、远程IO模块和工作台等组成。可将车标和轮胎分别安装在轮毂上,实现自动装配功能。

步进电机带动直线运动机构实现压装工位的移动,两端工位用于实现物料的上下料,压装气缸分别实现车标和轮胎零件的装配;力传感器用于测量压装过程中压力值大小,并实时的显示在数显仪上,若压力值超出设定阈值,则系统会发出报警,从而停止装配过程;行程开关可限制滑台的移动行程。

(9) 执行单元。

执行单元是产品在各个单元间转换的执行终端,是应用平台的核心单元,由工作台、工业机器人及控制柜、平移滑台、快换工具、远程 IO 模块等组件构成。

平移滑台作为工业机器人扩展轴，扩大了工业机器人的可达工作空间。

（10）激光打标模块。

激光打标模块，主要由激光打标机、井式供料模块、打标机升降机构和远程 IO 模块等组件构成，如图 1-5 所示。可用于打印不同品牌车标 LOGO，实现图标定制功能。

其中，井式供料模块可根据程序，推出一个车标毛坯料至打标位，打标机升降机构用于上、下调节激光打标机的高度，从而调节激光焦点距离，获取最佳打印效果。

（11）RFID 检测模块。

RFID 检测模块安装在分拣单元，由 RFID 读写器和 RFID 读写器支架组成。通过 RFID 读取器，可快速读写零件上电子芯片的信息。

图 1-5　激光打标模块

2. 机电集成系统机械图纸作用与内容

在工业机器人系统集成工作站的机械设计中，完成工作站的结构设计、确定选型后，设计人员需要绘制机械装配图，完整的机械装配图是全面表达设计意图和进行技术加工、组装的重要依据。

表示产品及其组成部分的连接、装配关系的图样称为装配图。表示整机的组成部分、各部分的相互位置和连接、装配关系的图样称为总装图。表示部件的组成零件、零件的相互位置和连接、装配关系的图样称为部件装配图。

1）机械装配图的作用

机械装配图通常在机器或部件的设计阶段用到，具备以下几点作用：

（1）表达机器或部件的结构和零件间装配关系；

（2）在零件制成后，装配图是把零件装配成机器（或部件）的技术依据；

（3）使用者通过装配图能了解机器性能、工作原理、安装尺寸等；

（4）装配图是正确使用、维护、保养机器不可缺少的技术资料。

2）机械装配图的内容

图 1-6 所示为工作站仓储单元轮毂受子台装配图，分析图纸可以总结出常规的机械装配图包含以下内容：

（1）一组视图。

用一组图形（视图、剖视图、剖面图等）表达机器或部件的工作状况、整体结构、零部件之间的装配连接关系及主要零件的结构形状。

装配图的视图要求如下：

① 正确：投影关系正确，图样画法和标注方法符合国家标准规定。

② 完全、确定：装配图需要表示的内容可以表示完全、确定，但是不要求把部件中每个

零件的结构形状表示得完全、确定。

③ 清晰、合理：图形清晰，便于阅读者迅速读懂、理解和进行空间想象。

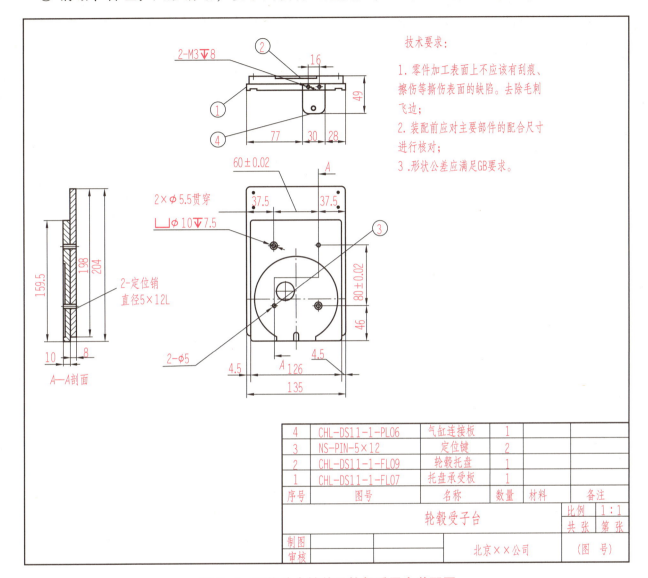

图1-6　工作站仓储单元轮毂受子台装配图

(2) 必要尺寸。

反映机器的性能、规格、零件之间的定位及配合要求、安装情况等必需的一些尺寸。必要尺寸一般包含以下几种类型：

① 性能尺寸：表示部件或机器人的性能和规格的尺寸，是设计和选用部件或机器人的主要依据。

② 装配尺寸：包含零件之间的配合尺寸和重要的相对位置尺寸。零件的配合尺寸表示两个零件之间的配合性质和相对运动情况，是分析部件工作原理的重要依据，也是设计零件和定制装配工艺的重要依据；重要的相对位置尺寸是零件之间或部件之间或它们与机座之间必须保证的相对位置尺寸。

③ 外形尺寸：表示部件或机器的总长、总宽和总高。它说明安装部件或机器时以及部件或机器工作时所需要的空间，有时也说明部件或机器在包装、运输时所需要的空间。

④ 安装尺寸：是部件之间或部件与机体之间或机体与底座之间安装时需要的尺寸。

(3) 零件编号及明细栏。

按生产和管理的要求，按一定的方式和格式，将所有零件编号并列成表格，以说明各零件的名称、材料、数量、规格等内容。

为了便于阅读装配图，装配图中的所有零、部件都必须编写序号。相同的零部件使用同一个序号，一般只标注一次。

明细栏一般配置在标题栏的上方，按照由下而上的顺序填写，其数量根据需要而定。当由下而上的延伸位置不够时，可紧靠在标题栏的左侧自下而上的延续。

① 技术要求：用文字或代号说明机器或部件在装配和检验、使用等方面必须遵守的技术要求。

② 标题栏：说明机器或部件的名称、规格、作图比例和图号以及设计、审核人员等。

3. 机电集成系统电气图纸作用与内容

在工作站的集成设计中，根据工作站的工艺要求可确定工作站的动作流程，在气动控制流程分析确定后，即可根据气动控制的要求，设计并绘制气动原理图。在工作站的电气设计阶段，为了便于集成系统工作站电气设备的安装、操作和维护，电气设备应提供对应的概略图、功能图、电路图、接线图等。在工业机器人集成应用的设计中，如必要应提供表明接口连接的端子图，通常为了简化将其与电路图一起使用。实际应用场合中，一般使用电气原理图来表明设备电气的工作原理及各电器元件的作用，并体现连接关系。除特定场合，不需要使用概略图、功能图。

电气图在机电集成系统的设计中有着重要的作用，下面将讲解其作用及包含的内容，并通过实际的图纸识读，掌握电气图纸的识图方法。

1) 气动原理图的内容

一般气动原理图具有以下4个作用：

(1) 充分表达工作站中包含的气动设备和气动元件；

(2) 是气路安装、调试和维修的理论依据；

(3) 用于自动化集成气路的设计阶段；

(4) 使用者通过气动原理图能了解元件连接关系。

图1-7所示是工作站执行单元气动原理图，分析图纸可以总结出常规的气动原理图包含以下4点内容：

(1) 绘制供气装置；

(2) 使用标准气动符号表示的气动元件；

(3) 通过连线来表示各个气动回路关系；

(4) 使用标题栏来说明机器或部件的名称、规格、作图比例和图号以及设计、审核人员等。

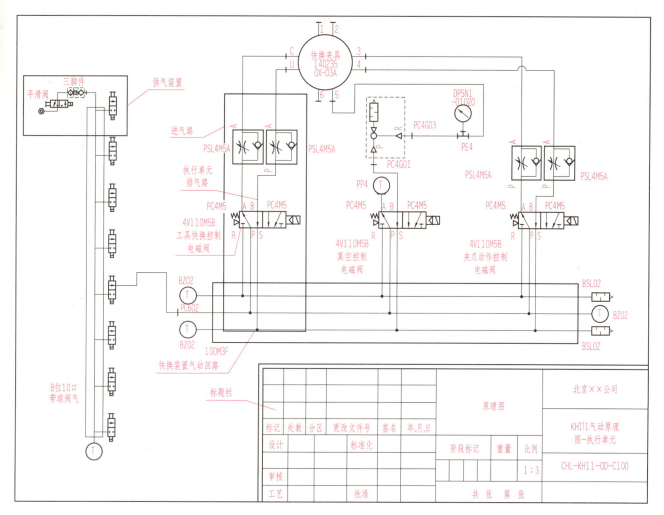

图1-7 工作站执行单元气动原理图

2) 常用气动符号

进行工作站气动原理图的识读前,需要掌握气动原理图中标识的元器件以及相关的控制符号,气动原理图中常用的气动符号见表1-1。

表1-1 气动符号

序号	标识	名称	序号	标识	名称
1		单作用电磁铁,动作指向阀芯	4		流量控制阀
2		单作用电磁铁,动作背向阀芯	5		单向节流阀
3		单向阀,只能在一个方向自由流动	6		二位二通方向控制阀,电磁铁操纵杆,弹簧复位

续表

序号	标识	名称	序号	标识	名称
7		二位四通方向控制阀，电磁铁操纵杆，弹簧复位	10	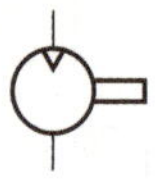	马达
8	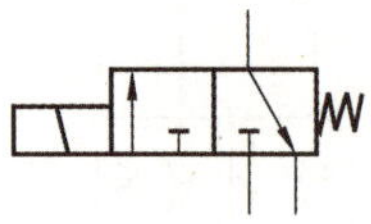	二位三通方向控制阀，电磁铁操纵杆，弹簧复位	11	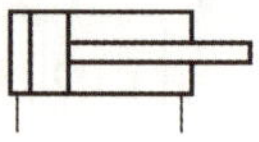	双作用单杆缸
9		真空发生器	12		压力表

3）电气原理图作用与内容

在自动化集成电路的设计阶段将绘制电气原理图，电气原理图通常具有以下 3 个作用：

（1）可以表示电路、设备或成套装置及其组成部分的工作原理；

（2）可作为电气线路安装、调试和维修的理论依据；

（3）使用者通过电气原理图能进行线路检查、故障处理等。

集成系统电气设备电气原理图一般由主电路、控制电路、保护电路三部分组成，具体说明如下：

（1）主电路：为用电器供电的电路，是受控制电路控制的电路，又称为主回路；

（2）控制电路：指给控制元件供电的电路，是控制主电路动作的电路，也可以说是给主电路发出信号的电路，又称为控制回路；

（3）保护电路：鉴于电源电路存在一些不稳定因素，而设计用来防止此类不稳定因素影响电路效果的回路称作保护电路。

4）常用电气符号

进行工作站电气原理图的识读前，需要掌握电气原理图中的电气符号，常用电气符号见表 1-2 所列。

表 1-2 常用电气符号

序号	名称	元器件符号	序号	名称	元器件符号
1	动合（常开）触点		4	自动复位的手动按钮开关	
2	动断（常闭）触点		5	无自动复位的手动旋转开关	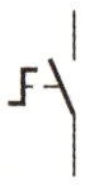
3	手动操作开关	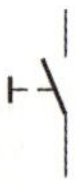	6	接触器的动合触点	

续表

序号	名称	元器件符号	序号	名称	元器件符号
7	继电器线圈		13	延时断开的动断触点	
8	缓慢吸合继电器线圈		14	带动合触点的位置开关	
9	缓慢释放继电器线圈		15	带动断触点的位置开关	
10	延时断开的动合触点		16	带动断触点的热敏自动开关	
11	延时闭合的动断触点		17	应急制动开关	
12	延时闭合的动合触点				

知识测试

一、单项选择题

1. 集成系统方案说明书一般不会包含以下哪项内容（　　）。

   A. 集成系统所有零件图　　　　　B. 集成系统功能介绍

   C. 项目实际内容　　　　　　　　D. 集成系统设计的依据

2. （　　）是根据终端用户提出的产品需求而制定的能够概述产品基本组成、整体功能的文稿。一般情况下，集成商会根据客户提供的产品图纸、产品工艺、现场情况以及客户需求，了解产品的精度要求、产量要求、工艺需求、现场环境等信息，并到现场工厂车间进行实地考察，进一步了解、交流、核实具体情况，进行项目可行性及可操作性论证。

   A. 集成系统所有零件图　　　　　B. 机械装配图

   C. 方案说明书　　　　　　　　　D. 电气原理图

3. 在工业机器人系统集成的机械设计过程中，完整的机械装配图是全面表达设计意图和进行技术加工、组装的重要依据，下列哪项一般不属于机械装配图上的必要要素（　　）。

   A. 每个零件的尺寸　　　　　　　B. 零件编号及明细栏

   C. 一组视图　　　　　　　　　　D. 技术要求

4. 绘制气动原理图时，需要使用气动符号表示气动元器件，下列选项中属于二位二通方向控制阀的符号是（　　）。

A. 　　B. 　　C. 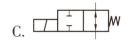　　D.

5. 绘制电气原理图时，需要使用电气符号表示电气元器件，下列选项中表示手动操作开关的符号是（　　）。

二、简答题

1. 简述机械装配图作用。

2. 简述机械装配图的内容。

3. 简述气动原理图中包含的内容。

4. 简述电气原理图的作用与内容。

任务页——识读机电集成系统技术文件

工作任务	识读机电集成系统技术文件	教学模式	理实一体
建议学时	参考学时共4学时，其中相关知识学习2课时；学员练习2课时	需设备、器材	智能制造单元系统集成应用平台技术文件
任务描述	基于机电集成系统技术文件知识学习的前提下，实施围绕以CHL-KH11智能制造单元系统集成应用平台的技术文件识读		
职业技能	1.1.1 能识读工作站方案说明书，理解工作站的组成。 1.1.2 能识读工作站机械装配图，理解机械零部件的装配关系。 1.1.3 能识读工作站气动原理图，理解气路连接关系。 1.1.4 能识读工作站电气原理图，理解电气元件的接线方式		

1.1.1 机电集成系统认知

任务实施

1. 工艺单元认知

CHL-KH11智能制造单元系统集成应用平台总共有9个独立的单元，分别为_____、_____、_____、_____、_____、_____、_____、_____，在图1-8中标注应用平台的9个独立的单元。

另外还有两个功能模块，分别是_____和_____。

图1-8　智能制造单元系统集成应用平台典型布局

2. 方案说明书识读

标注图1-9 CHL-KH11准备单元方案说明书中框选部分的内容类型。

续表

详尽设备构成和布局

图7 打磨单元

1.2.4 视觉检测单元

视觉检测单元可根据不同需求完成对零件进行检测、识别功能,由环形光源、工业相机、光源控制器、CCD控制器、工作台等组成,如图8所示。智能视觉可根据不同的程序设置,实现条码识别、形状匹配、颜色检测、尺寸测量等功能,操作过程和结果通过显示器显示;视觉检测单元的程序选择,检测执行和结果输出通过工业以太网传输到执行单元的工业机器人,并由其将结果信息传递到总控单元从而决定后续工作流程。视觉镜头配套检测光源,可以尽量避免环境光源对检测结果的影响。采用倒置式安装,可以使机器人手持零件进行检测,减少周边配套设备,简化机器人轨迹动作。

在不同工艺流程中的功能

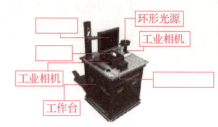

图8 视觉检测单元

1.2.5 工具单元

工具单元用于存放不同功用的工具是执行单元的附属单元,由工作台、工具支架、工具、示教器支架等组件构成,如图9所示。工业机器人可通过程序控制到指定位置安装或释放工具;工具单元提供了打磨、抛光、夹爪、吸盘等7种不同类型的工具,每种工具均配置了快换工具母头,可以与机器人本体上安装的快换工具公头配合,实现了无需为干预,工业机器人可在不同工具间自由切换,同时确保气路、电路信号通信正常,大大扩展了工业机器人的应用能力。

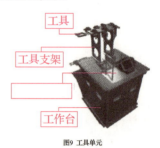

图9 工具单元

图1-9 CHL-KH11 设备单元介绍

1.1.2 机电集成系统机械图纸识读

任务实施

以图1-10所示的工作站仓储单元轮毂受子台装配图为例,识读装配图。

1. 装配图全面了解

由装配图可以看出,轮毂受子台由_____个零部件组成,其中_____、_____、_____是非标准件,_____是标准件。装配体的整体外形尺寸为_____。

2. 视图分析

了解零件组成后,进一步分析视图。装配图采用了_____和_____两个视图来表达装配体的结构组成,并且对_____进行剖切,用剖面视图来表达零部件内部的_____、_____、_____要求。

3. 设备装配关系

零件1和2的装配是使用两个直径_____、长度_____的定位销(即零件3)进行定位配合的。零件2通过两个直径为_____,深度为_____的_____固定在零件1上。

续表

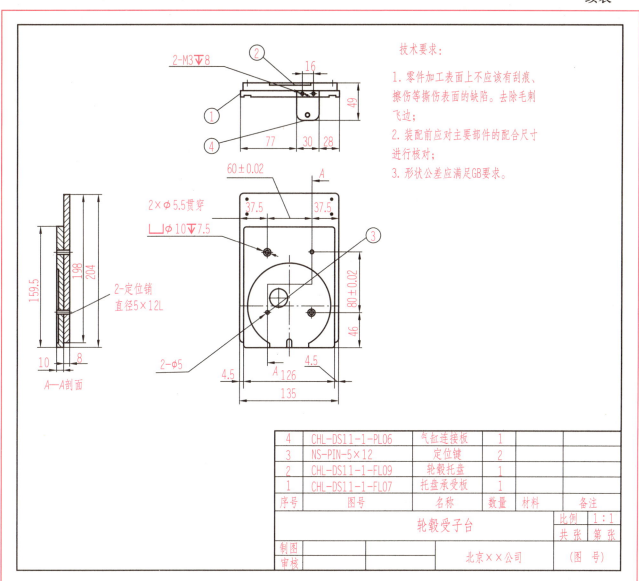

图 1-10 轮毂受子台装配图

零件 4 通过 2 个 _____ 的螺钉固定在零件 1 上，由 _____ 可知，零件 4 相对零件 1 右侧面的定位尺寸为 _____。

4. 零件主要尺寸

主要的零部件 1 长、宽、高分别为 _____，零部件 2 长、宽、高分别为 _____。

1.1.3 机电集成系统电气图纸识读

任务实施

1. 气动原理图识读

以图 1-11 所示工作站执行单元的气动原理图为例，识读气动原理图。

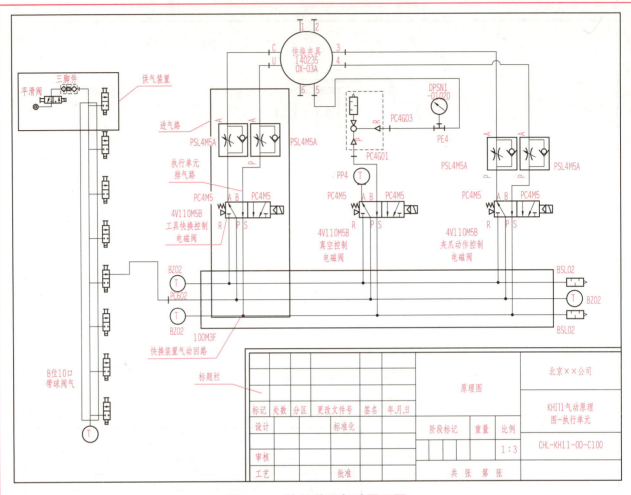

图1-11 执行单元气动原理图

1) 粗略浏览

（1）气动原理图描述对象。

通过图纸＿＿＿＿＿＿明细，了解气动原理图描述的对象，以执行单元的气动原理图作为案例介绍。

（2）气动原理图的子系统。

整体浏览气动原理图，分析图纸包含的子系统，案例中分别为：＿＿＿＿＿＿系统、＿＿＿＿＿＿系统和＿＿＿＿＿＿系统。

2) 确定气动原理图的元件组成

从图可以看出，＿＿＿＿＿＿提供气源，通过＿＿＿＿＿＿和＿＿＿＿＿＿这些辅助元件，流入汇流排。气体由汇流排流出到＿＿＿＿＿＿、＿＿＿＿＿＿等调节元件，进入气路执行元件——快换夹具，从而控制工具快换夹具。

3) 工具快换装置主端口气路分析

工具快换装置的夹紧和松开是由内部钢珠弹出＿＿＿＿＿＿和＿＿＿＿＿＿实现的。下面以如何通过气路控制，实现快换装置的钢珠弹出与缩回为例进行分析。

进气线为＿＿＿＿＿＿，气体通过汇流排流入＿＿＿＿＿＿，通过＿＿＿＿＿＿调整气流大小，气体流入快换工具的＿＿＿＿＿＿口，实现快换工具内部钢球弹出。

排气线为_____，气体通过快换工具的_____口流出，经_____到_____，回到_____。当_____的电磁阀得电时，电磁阀换向，气流方向变为由快换工具_____口流入，_____口流出，实现快换工具的内部钢球缩回。

2. 电气原理图识读

1）主电路识读

以图1-12所示工作站主电路电气原理图为例，进行电气图纸的识读。

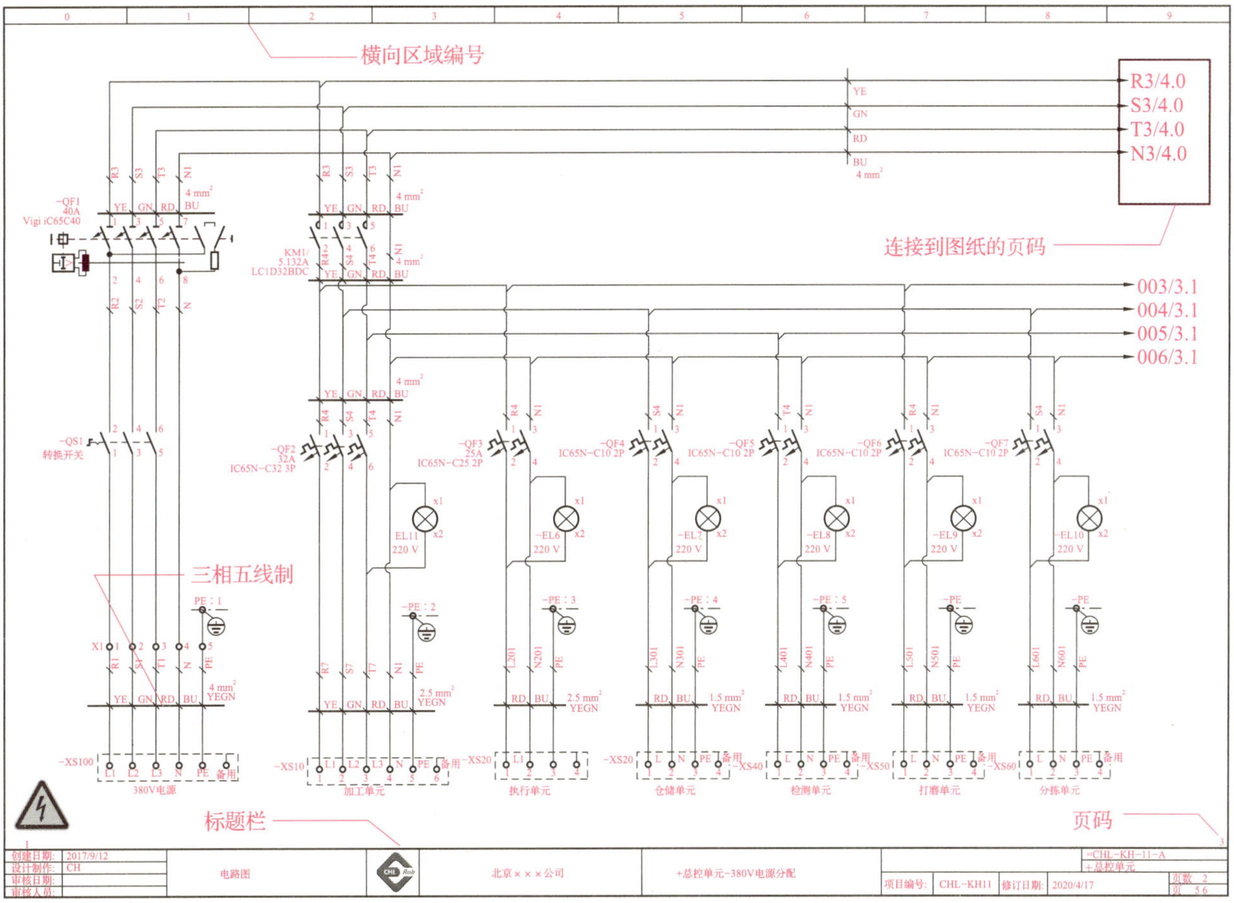

图1-12 主电路案例图

主电路是给_____供电的电路，是受控制电路控制的电路，又称为主回路。

识读主电路需要看它的_____和_____（如交流、直流、380V、220V、24V等），电路图的上面区域包含数字形式的横向区域编号，通过_____和_____可以快速查找电路图中电路分支连接到的相应图纸页码，例如3-1表示线路连接到电路图第3页中横向区域1的位置处。

2）控制电路识读

以图1-13所示工作站控制电路为例，进行电气图纸的识读。

控制电路是指给_____供电的电路，是控制主电路动作的电路，也可以说是_____的电路，又称为控制回路。控制电路中控制元件所需的_____和_____必须与控制电路一致。

读图时根据主电路各执行电器的控制要求，逐一找出控制电路中的控制环节，了解各控制元件与主电路中用电器的相互控制关系和制约关系。由图1-13所示，工作站总控单元的PLC控制电路图，PLC的输入触点是_____，电源为_____，图中的五个输入信号分别由一个_____和四个_____组成。

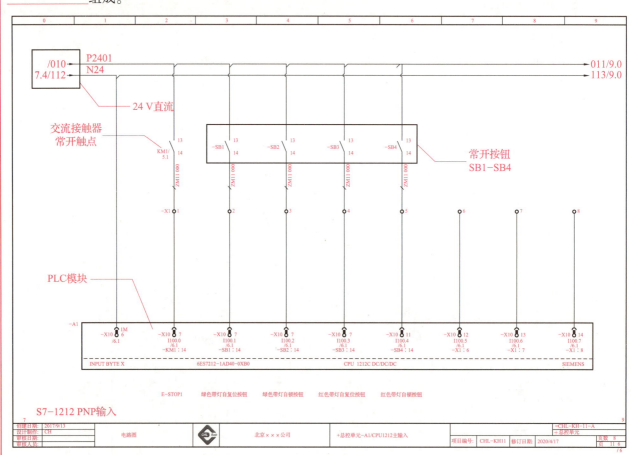

图1-13 控制电路案例图

3）安全保护电路识读

以图1-14所示工作站安全保护电路为例，进行电气图纸的识读。

_____是鉴于电源电路存在一些不稳定因素，设计用来防止此类不稳定因素影响电路效果的回路。在各个工作站设计中，保护电路比比皆是，例如：过流保护、过压保护、过热保护、空载保护、短路保护等。图1-14所示为工作站急停按钮保护电路图，由图可知当急停按钮按下时，交流接触器_____，_____断开，_____断电，各单元掉电，起到急停保护作用。

综上可知，通过识读主电路，可了解_____；通过识读控制电路，可了解_____，各电器元件之间的相互联系和_____及其动作情况等，同时还了解控制电路与_____之间的相互关系；通过电路图中相关保护电路图，可了解其_____，从而搞清楚整个电路的工作原理。

续表

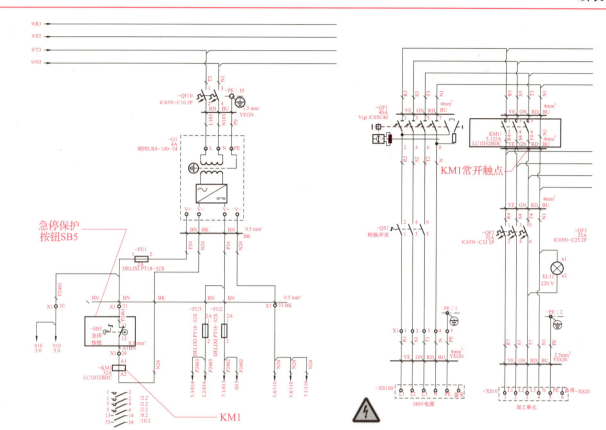

图 1-14 保护电路案例图

任务评价

1. 任务评价表

评价项目	比例	配分	序号	评价要素	评分标准	自评	教师评价
6S职业素养	30%	30分	①	选用适合的工具实施任务，清理无须使用的工具	未执行扣6分		
			②	合理布置任务所需使用的工具，明确标识	未执行扣6分		
			③	清除工作场所内的脏污，发现设备异常立即记录并处理	未执行扣6分		
			④	规范操作，杜绝安全事故，确保任务实施质量	未执行扣6分		
			⑤	具有团队意识，小组成员分工协作，共同高质量完成任务	未执行扣6分		

续表

机电集成系统技术文件识读	70%	70分	①	能识读工作站方案说明书，理解工作站的组成	未掌握扣10分		
			②	能识读工作站机械装配图，理解机械零部件的装配关系	未掌握扣20分		
			③	能识读工作站气动原理图，理解气路连接关系	未掌握扣20分		
			④	能识读工作站电气原理图，理解电气元件的接线方式	未掌握扣20分		
合计							

2. 活动过程评价表

评价指标	评价要素	分数	得分
信息检索	能有效利用网络资源、工作手册查找有效信息；能用自己的语言有条理地去解释、表述所学知识；能将查找到的信息有效转换到工作中。	10	
感知工作	是否熟悉各自的工作岗位，认同工作价值；在工作中，是否获得满足感。	10	
参与状态	与教师、同学之间是否相互尊重、理解、平等；与教师、同学之间是否能够保持多向、丰富、适宜的信息交流探究学习、自主学习不流于形式，处理好合作学习和状态独立思考的关系，做到有效学习；能提出有意义的问题或能发表个人见解；能按要求正确操作；能够倾听、协作分享。	20	
学习方法	工作计划、操作技能是否符合规范要求；是否获得了进一步发展的能力。	10	
工作过程	遵守管理规程，操作过程符合现场管理要求；平时上课的出勤情况和每天完成工作任务情况；善于多角度思考问题，能主动发现、提出有价值的问题。	15	
思维状态	是否能发现问题、提出问题、分析问题、解决问题。	10	
自评反馈	按时按质完成工作任务；较好地掌握了专业知识点；具有较强的信息分析能力和理解能力；具有较为全面严谨的思维能力并能条理明晰表述成文。	25	
总分		100	

 机电集成系统虚拟构建

在传统的机械设计与制造过程中，机械产品的设计通过二维设计方法实现，如各类装配、零件图纸。随着科技的发展，计算机技术给机械设计与制造带来了新的改变，通过三维建模技术设计产品，能更加直观的了解产品的整体布局及结构，验证装配体是否干涉，验证工业机器人操作空间有无超出范围等。

知识页——机电集成系统虚拟构建

1. 三维建模软件分类与功能

1）三维建模软件分类

目前，国际上机械设计三维建模软件有很多种，大致可以分为两大类：一类是参数化建模软件，一类是非参数化建模软件。参数化建模软件主要应用于工业设计等需要由尺寸作为基础进行模型设计的领域和方向。由于参数化是由数据作为支撑的，数据与数据之间存在着相互的联系，改变一个尺寸就会对多个数据产生影响。参数化建模的最大优势就是可以通过对参数尺寸的改变来实现对模型整体的修改，从而快捷的对设计进行修改。

面向工业设计方向比较成熟的三维软件有 Pro/E、UG、SolidWorks、Inventor 等。各种建模软件的功能都很强大，特点各异，在不同的应用行业，会选择不同的建模软件。如 Pro/E，包括了在工业设计和机械设计等方面的多项功能，还包括对大型装配体的管理、功能仿真、制造、产品数据管理等，已广泛应用于电子、机械、模具、汽车、航天、家电等各行业；UG 包含了企业中应用最广泛的集成应用套件，用于产品设计、工程和制造全范围的开发过程，为工业设计提供了强有力的解决方案；SolidWorks 软件具有功能强大、易学易用和技术创新三大特点，能够提供不同的设计方案、减少设计过程中的错误以及提高产品质量，而且操作简单方便、易学易用。

2）三维建模软件功能

成熟的三维建模软件一般都具有强大的建模能力。三维软件能提供零部件的设计，零部件的配合组装，还能根据三维模型，快速转换成二维图纸。同时，一般的三维建模软件还具有曲面建模、钣金件设计等建模功能，并且具有模型渲染、受力分析、材质选择、碰撞检测、简单仿真等功能。

自动化设计中使用的三维建模软件一般具有以下的功能。

（1）零件建模：零件建模指的是在三维建模软件上，选择合适的绘图表面，绘制相应的草图，并且对平面图形通过拉伸、旋转、切除等操作，生成三维零件。零件建模是三维建模软件的核心功能，也是使用最多的功能。

(2) 装配体装配：装配体装配是指将不同的零部件在三维建模软件上，通过添加不同的约束关系，使各个零部件组合成一个装配体。

(3) 装配图生成：三维软件具有从三维图形转化二维图形的功能，能将三维模型转化成用不同平面二维视图来表达其配合关系的二维图；此功能大大提高了工作效率，相对直接在二维绘图软件中绘制二维装配图，节省了时间、提高了准确度。

(4) 仿真模拟：通常三维建模软件可以提供对零件模型进行模拟仿真的功能，通过设置动作方式、时序流程，进行不同时序的动画演示，能更好演示表达模型特征，并且检验某些可行性。

2. 机电集成系统组件装配体创建基础

装配体是在一个文件中两个或多个零件的组合。这些零部件之间通过配合关系来确定位置和限制运动。本节以工作站单元装配体的装配为例，对装配体文件的创建方法和装配方法进行讲解。

1）装配流程

进行装配体的装配一般有两种方法，即自底向上和自顶向下的方法。

自底向上的装配方法应用最为广泛，是指以已经建好的零部件为基准，根据不同的位置和装配体约束关系将零件安装成部件或产品。

自顶向下的方法是指在装配环境下建立零件或特征，边建模边进行零部件的装配，进行零件建模的时候可以充分利用装配体中已有零部件的位置和轮廓。

在装配体的装配过程中，由于零部件数量多，一般会将装配部件进行分级，分成多个子装配体进行安装。不同的装配顺序并不影响零部件的约束和配合状态，但是可以影响装配体中材料明细表的排列顺序。

对于一些复杂的装配体，还可使用SolidWorks的干涉检查、爆炸图等功能，检查零部件是否有干涉，更形象地分析零部件之间的配合关系。

一般的装配体安装步骤，可以参照如图1-15所示的流程进行。

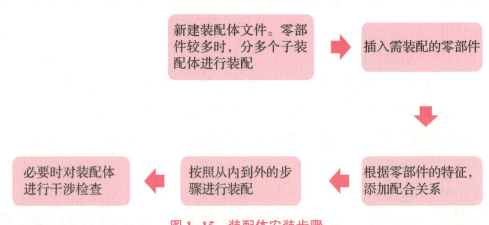

图1-15　装配体安装步骤

2）装配基础知识

在进行装配体安装之前，需要准备好即将进行装配的零件库，并掌握插入零部件、约束零部件配合关系及进行移动零部件的方法。

（1）零部件的插入。

零部件的插入步骤见表1-3所列。

表1-3 插入零部件步骤

步骤1：打开SolidWorks软件，新建基于国标装配体模板的工程文件。	步骤2：单击"装配体"工具栏中"插入零部件"的下拉框，选择"插入零部件"命令。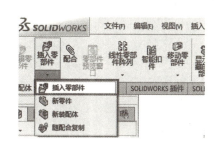
步骤3：找到文件路径下的零件或装配体文件，选中后单击"打开"按钮，将其插入到装配体中。	步骤4：零部件出现在绘图区内后，可通过点击鼠标左键进行放置或按 ✓ 按钮接受零部件插入。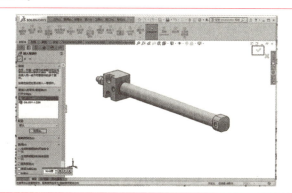

（2）零部件的约束关系。

在三维空间中，零件的自由度有6个，分别是指笛卡尔坐标系 X、Y、Z 轴方向的移动自由度和绕 X、Y、Z 轴方向进行旋转运动的自由度。通过对每一个方向的移动或者旋转自由度的限制，可以约束零件与装配体的相对位置。

零部件的装配，就是约束各个自由度的过程。在SolidWorks软件中，总共提供了十几种约束类型，即配合关系。在装配体的装配过程中，只需单击"装配体"工具栏中的"配合"按钮，即可在"配合"属性管理器（图1-16）中选择相应的配合关系，然后进行约束零部件需配合特征的选择，完成选择后单击"确认"按钮即可完成配合关系的添加。

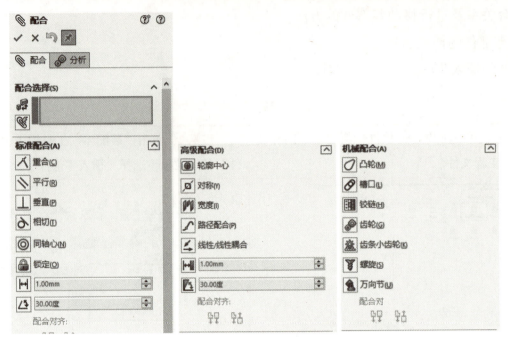

图 1-16　SolidWorks 装配的约束关系

常用约束的具体配合关系功能说明见表 1-4 所列。

表 1-4　SolidWorks 装配的约束关系说明

序号	名称	说明
1	⅄	重合：选择两个特征体（面、线、点）进行重合装配
2	∥	平行：选择两个特征体（面、线）使其处于平行关系
3	⊥	垂直：选择两个特征体（面、线）使其处于垂直关系
4	⌒	相切：选择两个特征体（弧面、弧线）使其处于相切关系
5	◎	同轴心：选择两个特征体（圆形特征体）使其处于共用同一中心线
6	🔒	锁定：将两个零部件锁定在一起
7	⊕	轮廓中心：自动将几何轮廓的中心相互对齐并完全定义零部件
8	◇	对称：强制使两个相似的实体相对于零部件的基准面或者装配体的基准面对称
9	Ⅲ	宽度：约束两个平面之间的标签
10	∫	路径配合：将零部件上所选的点约束到路径
11	∠	线性/线性耦合：配合在一个零部件的平移和另一个零部件的平移之间建立几何关系
12	◯	凸轮：一个相切或重合配合类型，允许将圆柱、基准面或点与一系列相切的拉伸曲面相配合

续表

序号	名称	说明
13		槽口：将螺栓配合到直通槽或圆弧槽，也可将槽配合到槽
14		铰链：将两个零部件之间的旋转限制在一定的角度范围内
15		齿轮：强迫两个零部件绕所选轴相对旋转
16		齿条小齿轮：某个零部件（齿条）的线性平移会引起另一零部件（小齿轮）做圆周旋转，反之亦然
17		螺旋：将两个零部件约束为同心，还在一个零部件的旋转和另一个零部件的平移之间添加纵倾几何关系。一个零部件沿轴方向的平移会根据纵倾几何关系引起另一个零部件的旋转
18		万向节：一个零部件（输出轴）绕自身轴的旋转是由另一个零部件（输入轴）绕其轴的旋转驱动的

（3）特征阵列。

在装配体装配时，对于重复出现的零部件，如果重复零部件之间有一定的线性或者圆周排列关系，可以考虑选择特征阵列进行多个零部件的安装。下面介绍比较常用的线性阵列和圆周阵列的使用方法，操作方法见表1-5所列。

表1-5 线性阵列与圆周阵列的操作

线性阵列	
步骤1：依次选择菜单栏中的"插入"—"零部件阵列"命令，然后在选型框中选择"线性阵列"命令。 或者通过快捷菜单栏"零部件阵列"打开"线性零部件阵列"。	步骤2："线性零部件阵列"是指对一个零部件进行X、Y、Z方向的阵列。 在"线性阵列"对话框中，单击 "方向"输入框后可定义线性阵列方向；单击 按钮，可以改变方向指针的正反方向；在 输入框中可定义阵列零部件之间的间距；在 输入框中可定义零部件阵列的个数。 线性阵列可同时进行沿两个方向的阵列，即"方向1"和"方向2"。选中"要阵列的零部件"选项后，可以在装配体中选择需要阵列的零部件。"可跳过的实例"选项处可以定义阵列零部件中不需阵列的特征或组件，非必选项。 最后，单击 按钮完成阵列。

续表

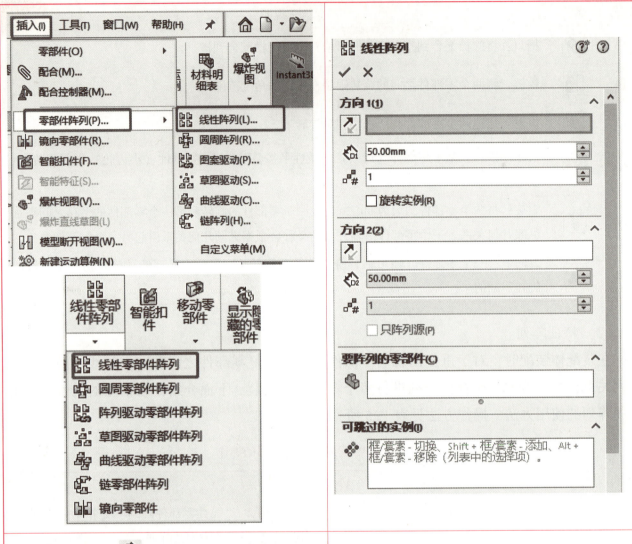

步骤3 在使用 输入框输入阵列的距离时,需要根据实际尺寸输入两个零部件相隔的间距。

有两种方法可以获取距离参数,一种是识读装配图纸上的尺寸标注,另一种是使用 SolidWorks 软件中的测量工具进行测量。具体的测量操作为:将菜单栏选项切换到"评估"选项卡,单击"测量"按钮。

步骤4:分别选择需要测量的两个特征,图形界面上会显示相应的尺寸。

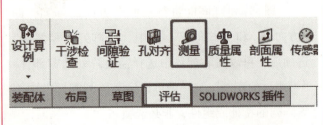

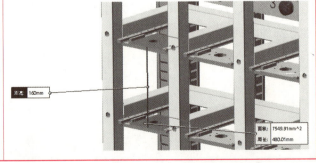

续表

圆周阵列	
步骤1：在菜单栏中选择"插入"—"零部件阵列"—"圆周阵列"命令。 或者通过快捷菜单栏"零部件阵列"下拉框打开"圆周零部件阵列"命令。	步骤2："圆周阵列"是指对一个零部件通过一个旋转轴进行圆周阵列。 在"圆周阵列"对话框中，单击"参数"选项 输入框后可以定义阵列轴，单击 按钮可以改变阵列的正反方向；在 输入框中可以定义圆周阵列的角度范围；在 输入框处可以定义在角度范围内零部件圆周阵列的个数。 选中"要阵列的零部件"选项后，可以在装配体中选择要阵列的零部件。 "可跳过的实例"处可以定义阵列零部件中不需阵列的特征或组件，非必选项。 最后，单击 按钮完成阵列。

知识测试

一、单项选择题

1. 国际上机械设计三维建模软件有很多种，（　　）软件是世界上第一个基于 Windows 开发的三维 CAD 系统。具有功能强大、易学易用和技术创新三大特点，这使得该软件成为领先的、主流的三维 CAD 解决方案。

　　A. SolidWorks　　　　B. UG　　　　　　C. Pro/E　　　　　D. Inventor

2. 在 SolidWorks 软件中进行装配体的安装时，关于装配体的一般的安装步骤，以下说法错误的是（　　）。

　　A. 新建装配体文件，零部件较多时，分多个子装配体进行装配。

　　B. 必须按照从外到内的步骤进行装配。

　　C. 必要时对装配体进行干涉检查。

　　D. 根据零部件的特征，添加配合关系。

3. 在 SolidWorks 软件中提供了多种配合关系，以下哪种装配的约束关系表示相切（　　）。

　　A. ⧖　　　　　　B. ∥　　　　　　C. ♂　　　　　　D. ◎

4. 以下关于安全操作规范内容描述错误的选项是（　　）。

　　A. 当操作人员在系统上操作时，需确保没有其他人可以打开工作站的电源。

　　B. 拆卸/组装工作站的机械单元时，需提防掉落的物体。

　　C. 安装、维护、操作人员在饮酒、服用药品或兴奋药物后，只要有安全意识，依然可以安装、维护、使用工业机器人系统集成工作站。

　　D. 工作空间外围必须设置安全区域，以防他人擅自进入，可以配备安全光栅或感应装置作为配套安全装置。

二、判断题

1. 装配体装配指的是在三维建模软件上，选择合适的绘图表面，绘制相应的草图，并且对平面图形通过拉伸、旋转、切除等操作，生成三维零件。　　　　　　　　　　（　　）

2. 自底向上的装配方法应用最为广泛，是指以已经建好的零部件为基准，根据不同的位置和装配体约束关系将零件安装成部件或产品。　　　　　　　　　　　　　　（　　）

3. 在三维空间中，零件的自由度有 6 个，分别是笛卡尔坐标系 X、Y、Z 轴方向的移动自由度和绕 X、Y、Z 轴方向进行旋转运动的自由度。　　　　　　　　　　（　　）

任务页——机电集成系统虚拟构建

工作任务	机电集成系统虚拟构建	教学模式	理实一体
建议学时	参考学时共4学时，其中相关知识学习2课时；学员练习2课时	需设备、器材	智能制造单元系统集成应用平台技术文件、SolidWorks软件
任务描述	基于SolidWorks软件，实施软件基础设置与仓储单元装配		
职业技能	1.2.1 能熟悉三维建模环境，创建装配文件。 1.2.2 能根据工作站组成图选取合适的零件模型进行部件装配。 1.2.3 能根据工作站组成图选取合适的部件进行工作站装配		

1.2.1 三维建模软件基础操作

任务实施

1. 自定义工具栏

自定义工具栏时可根据文件的类型，设定工具栏放置的位置和显示状态。在装配体文件中，自定义工具栏的方法如下。

（1）打开仓储单元_____

（2）依次选择"工具"—"____"命令，打开"自定义"对话框。

续表

(3) 在"自定义"对话框中的"_____"选项下，每个工具栏前面都带了复选框，可通过勾选/取消勾选来选择或放弃选择要激活显示的工具栏。	
(4) 在"自定义"对话框右侧可设定图标显示的_____，最后点击"确定"按钮确认选择。	
(5) 可通过"_____"按钮恢复至系统默认的工具栏设置。	

2. 自定义工具栏中的按钮

当有某些按钮命令使用频次较高时，可以自定义按钮命令的显示位置，以便快速使用操作。在工程图文件中，快速添加"智能尺寸"按钮的具体步骤如下。

(1) 打开一个_____。	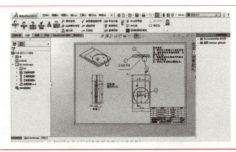

续表

（2）依次选择"＿＿＿＿"—"自定义"命令，打开"自定义"对话框。	
（3）在"自定义"对话框中，单击"＿＿＿"标签。	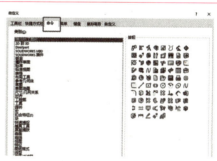
（4）在"类别"一栏中选择需要改变的工具栏，例如，添加"＿＿＿＿"按钮，则选择"尺寸/几何关系"类别。	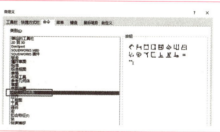
（5）在"按钮"一栏中选择需要添加的按钮"智能尺寸"，在"＿＿＿＿"的方框内可以看到对该按钮的功能说明。	
（6）在对话框内单击需要使用的按钮"＿＿＿＿"图标，将其拖放到工具栏上的新位置，从而实现重新安排工具栏上按钮的目的。	

1.2.2 机电集成系统组件装配体创建

任务实施

以工作站仓储单元的模型装配为例，进行装配任务的实施。

仓储单元的零部件库已经搭建完成，并且仓储单元外部整体机架框架已搭建好，如图 1-17 所示，现需要完成单个轮毂托盘工位的装配，再将装配好的轮毂托盘工位装配体安装到仓储单元框架模型的 6 个对应位置上，使其成为完整的单元，完成装配后的单元模型如图 1-18 所示。

图 1-17 仓储单元框架与零部件库

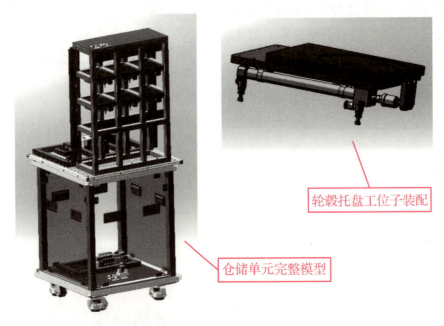

图 1-18 装配完成模型图

续表

1. 装配零部件分析

图1-19所示为轮毂托盘工位的安装爆炸图。分析需要装配的零部件，从提供的零件可以知道，轮毂托盘工位这个装配体由7个小零件组成，零部件之间大部分是通过_____进行紧固的。对于这些零部件进行约束配合时，可以使用孔位的_____、_____来进行配合。

装配过程中，可优先完成单一轮毂工位子装配体安装，再将_____插入仓储单元整体框架装配体中，结合_____的方式完成仓储单元的装配。

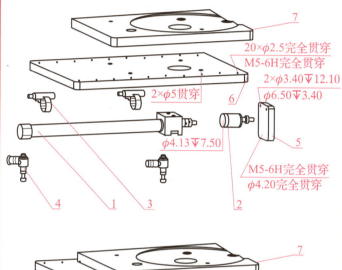

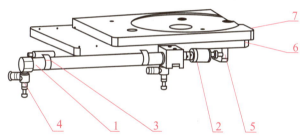

序号	模型名称	零件名称	数量
1	ATC-CYL-PBR12X125SU	笔型气缸	1
2	ATC-J-NT-F-M5X080F	气缸浮动接头	1
3	ATC-SEN-pbrCS1-M-S12-S-1	磁环传感器	2
4	ATC-VAL-PSLAM5B	节流阀	2
5	CHL-DS11-1-FL06	气缸连接板	1
6	CHL-DS11-1-FL07	安装托板	1
7	CHL-DS11-1-FL09	轮毂托盘	1

图1-19 轮毂托盘工位的安装爆炸图

2. 工作站的单元装配

先安装单一轮毂工位的子装配体，再将子装配体添加到仓储单元整体框架的装配体中进行装配，详细的安装步骤如下。

工作站单元的装配

1) 单一轮毂工位子装配体创建及装配

（1）新建_____文件，依次插入笔型气缸相关的_____。

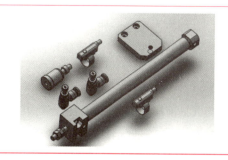

续表

（2）进行节流阀的安装。 节流阀通过螺纹安装在笔型气缸上，与笔型气缸同轴心，与气缸螺纹孔表面贴合，所以可以使用_____、_____两种约束关系进行装配。 配合步骤为先点击_____，选择配合类型。 注意：此处配合为非完全配合，节流阀绕轴线的旋转角度需根据现场因素确定。	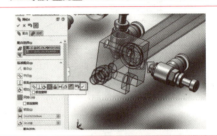
（3）选择两个同轴心圆柱体_____，进行_____配合，按 ✓ 按钮接受配合。	
（4）继续选择需要配合的两个_____，按 ✓ 按钮接受配合。	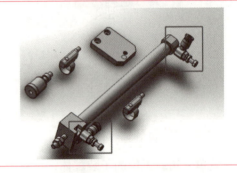
（5）参照以上方法完成_____的配合安装。	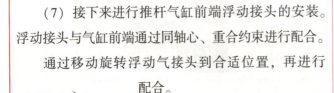
（6）下面进行磁环传感器的安装，在实际设备安装过程中，磁环传感器的安装位置需现场调试，无须完全约束。 由装配图可知磁环传感器与笔型气缸的柱形外表面是_____约束关系，添加_____配合，并且移动磁环传感器至笔型气缸处，完成磁环传感器的安装。	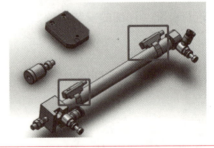
（7）接下来进行推杆气缸前端浮动接头的安装。浮动接头与气缸前端通过同轴心、重合约束进行配合。 通过移动旋转浮动气接头到合适位置，再进行_____、_____配合。	

续表

（8）气缸浮动接头与连接板的安装，同样是同轴心和重合的约束关系。同时，连接板上表面需与气缸安装孔的表面平行，所以还需要添加平行的约束关系。通过移动连接板的位置，再进行_____、_____配合，完成装配。	
（9）插入新的零部件CHL-DS11-1-FL07和CHL-DS11-1-FL09。	
（10）进行气缸固定安装板的连接，安装板与气缸连接件CHL-1-FL06是通过螺纹孔连接的，配合关系是_____、_____，添加配合关系完成安装。	
（11）进行轮毂托盘与安装板的安装，两个零部件通过斜对角的定位销进行装配，所以约束关系是定位孔_____和两个零件贴合表面_____。添加配合关系完成安装。	
（12）点击_____按钮，保存装配体文件，命名为"装配体1.SLDASM"。	

2）将子装配体安装到仓储单元框架装配体中

（1）打开仓储单元整体框架装配体CHL-DS-11-1-ZZ00.SLDASM，插入前面安装完成的_____。	
（2）轮毂托盘工位装配体与仓储单元的装配，可通过安装板零件CHL-DS-1-FL07与仓储单元的滑轨进行孔位配合实现。它们的约束关系是_____、_____，通过添加配合关系完成轮毂托盘工位装配体安装。	

续表

（3）通过线性阵列，安装另外5个工位，通过快捷菜单栏"_____"打开"线性零部件阵列"。

（4）选择需要阵列的方向1，每个间隔_____mm，共阵列3个（包含要阵列的零部件在内），再选择需要阵列的方向2，每个间隔_____mm，共阵列两个（包含要阵列的零部件在内）。

要阵列的零部件选择"_____"。

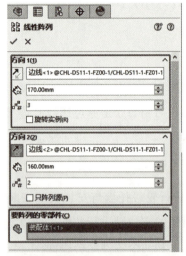

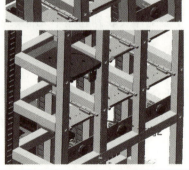

（5）完成工作站仓储单元的装配。

续表

任务评价

1. 任务评价表

评价项目	比例	配分	序号	评价要素	评分标准	自评	教师评价
6S职业素养	30%	30分	①	选用适合的工具实施任务,清理无须使用的工具	未执行扣6分		
			②	合理布置任务所需使用的工具,明确标识	未执行扣6分		
			③	清除工作场所内的脏污,发现设备异常立即记录并处理	未执行扣6分		
			④	规范操作,杜绝安全事故,确保任务实施质量	未执行扣6分		
			⑤	具有团队意识,小组成员分工协作,共同高质量完成任务	未执行扣6分		
机电集成系统虚拟构建	70%	70分	①	熟悉三维建模环境,能够自定义工具栏及工具栏中的按钮	未掌握扣20分		
			②	熟悉三维建模环境,能够创建装配文件	未掌握扣10分		
			③	能根据工作站组成图,选取合适的零件模型进行部件(如轮毂托盘工位)的装配	未掌握扣20分		
			④	能根据工作站组成图,选取合适的部件进行工作站单元(如仓储单元)装配	未掌握扣20分		
合计							

2. 活动过程评价表

评价指标	评价要素	分数	得分
信息检索	能有效利用网络资源、工作手册查找有效信息;能用自己的语言有条理地去解释、表述所学知识;能将查找到的信息有效转换到工作中	10	
感知工作	是否熟悉各自的工作岗位,认同工作价值;在工作中,是否获得满足感	10	
参与状态	与教师、同学之间是否相互尊重、理解、平等;与教师、同学之间是否能够保持多向、丰富、适宜的信息交流探究学习、自主学习不流于形式,处理好合作学习和状态独立思考的关系,做到有效学习;能提出有意义的问题或能发表个人见解;能按要求正确操作;能够倾听、协作分享	20	

续表

评价指标	评价要素	分数	得分
学习方法	工作计划、操作技能是否符合规范要求；是否获得了进一步发展的能力	10	
工作过程	遵守管理规程，操作过程符合现场管理要求；平时上课的出勤情况和每天完成工作任务情况；善于多角度思考问题，能主动发现、提出有价值的问题	15	
思维状态	是否能发现问题、提出问题、分析问题、解决问题	10	
自评反馈	按时按质完成工作任务；较好地掌握了专业知识点；具有较强的信息分析能力和理解能力；具有较为全面严谨的思维能力并能条理明晰表述成文	25	
总分		100	

续表

项目评测

项目一 机电集成系统认知与搭建工作页

项目知识测试

一、选择题

1. 图1-6所示机械装配图中没有用到的视图表现形式是( )。
   A. 主视图　　　B. 俯视图　　　C. 剖视图　　　D. 左视图

2. ( )在工业机器人系统集成设计的初期使用,是机械和电气设计、选型的依据。
   A. 气动原理图　　B. 系统方案说明书　　C. 机械装配图　　D. 电气原理图

3. 识读电气原理图中的( ),可了解负载得电方式。
   A. 控制电路　　B. 保护电路　　C. 主电路　　D. 以上都可以

4. 国际上机械设计三维建模软件有很多种,( )软件是世界上第一个基于Windows开发的三维CAD系统。具有功能强大、易学易用和技术创新三大特点,这使得该软件成为领先的、主流的三维CAD解决方案。
   A. SolidWorks　　B. UG　　C. Pro/E　　D. Inventor

二、判断题

1. 方案说明书是根据终端用户提出的产品需求而制定的能够概述产品基本组成、整体功能的文稿。( )

2. 为了便于阅读装配图,装配图中的所有零部件都必须编写序号,即使是相同的零部件,也不能使用同一个序号。( )

3. 保护电路是鉴于电源电路存在一些不稳定因素,而设计用来防止此类不稳定因素影响电路效果的回路。( )

职业技能测试

一、机械图纸识读

如图1-20所示为工业机器人法兰端接口,识图可知工具快换装置通过_____紧固连接至工业机器人法兰处,通过_____实现定位。

二、电气图纸识读

依据图1-21完成气路连接,从而实现调节对应气路电磁阀上的手动调试节对应气路电磁阀上的手动调试按钮时,工具快换装置主端口与工具端可以正常按钮时,工具快换装置主端口与工具端可以正常锁定和释放,夹爪工具可以正常开合等功能。

连接**工具快换装置气路**时:使用气管正确连接工具快换电磁阀上气路接口与工业机器人本体底座上的气路接口。

连接**夹爪工具气路**时:使用气管正确连接工业机器人四轴上表面处的号气管接口与工具快换装置主端口上的气管接口,接口处连接无松动、漏气现象。

续表

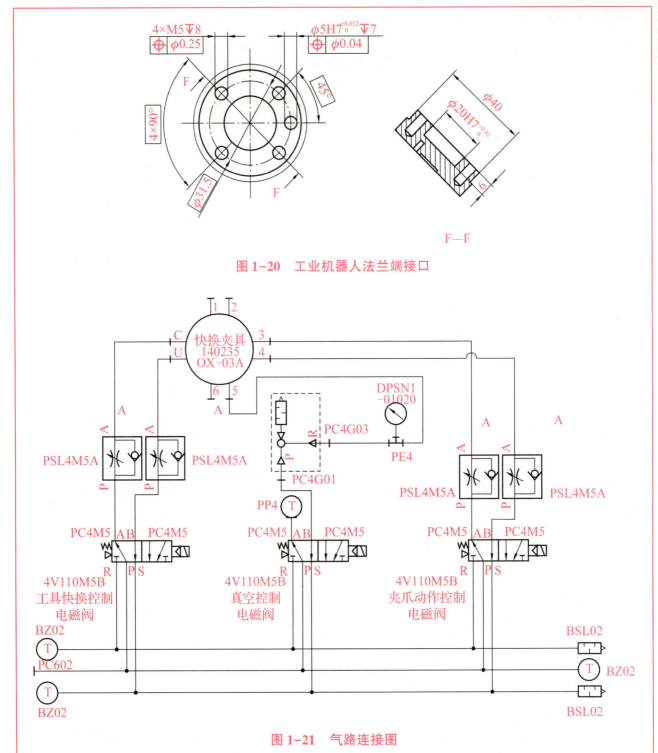

图1-20 工业机器人法兰端接口

图1-21 气路连接图

项目二

机电集成系统安装

项目导言

机电集成系统是集成项目中的现场实施环节，完整的工业机器人系统安装包含工业机器人系统的安装、周边设备的安装以及系统安装完成后的安全检查。

工作站周边设备的安装以实现工艺要求为出发点，循序渐进的讲解案例中工装夹具和周边其他设备功能和安装方法，最终使工作站硬件上满足生产需求。工作站的安全检查包含物理环境安全检查、电源环境安全检查以及工作站安全装置的安全检查，对工作站进行运行环境和设备功能的全面检查，从而确保设备可以正常运行。

工业机器人集成应用职业技能等级标准对照表

工作领域	工业机器人集成系统安装			
工作任务	2.1　工作站装配		2.2　工作站安全检查	
任务分解	工业机器人系统安装	机电集成系统电气设备安装	电源环境安全检查	安全装置检查
项目实施 职业能力	2.1.1　能根据装配工艺要求，选用经济有效的安装工具，进行工业机器人本体和控制柜的安装和精度调整。 2.1.2　能根据机械图纸和工艺要求，选用经济有效的安装工具，进行末端执行器和工装夹具的安装。 2.1.3　能根据机械图纸和工艺要求，选用经济有效的安装工具，进行工业机器人周边应用系统的安装。 2.2.1　能根据操作手册的安全规范要求，对工作站使用物理环境进行安全检查。 2.2.2　能根据操作手册的安全规范要求，对工作站使用电源环境进行安全检查。 2.2.3　能按照操作手册的要求，对安装后的工作站进行安全装置（如安全光栅、安全门等）的检查。			

任务2.1 机电集成系统装配操作

本任务需要完成工作站系统的安装,工作站系统安装主要包含工业机器人系统安装和周边设备安装。工业机器人系统的安装包括工业机器人本体的安装、控制柜安装及示教器安装;周边设备的安装包括工业机器人末端执行器的安装、工装夹具的安装、电气系统安装、视觉检测系统安装及工作站中气路的安装。

知识页——机电集成系统安装内容

1. 工业机器人系统安装

1)工业机器人系统组成

本文所述工作站中工业机器人系统是由工业机器人本体、控制柜、示教器、连接线缆组成,如图2-1所示。示教器和控制柜通过示教器线缆进行连接,工业机器人本体与控制柜通过动力线缆和SMB线缆进行连接,控制柜通过电源线与外部电源连接来获取供电。

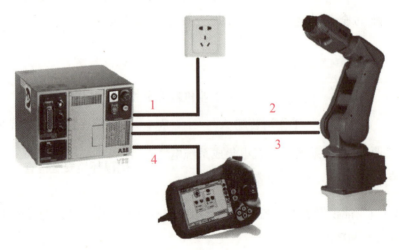

图2-1 工业机器人系统

1—电源线;2—动力线缆;3—SMB线缆;4—示教器线缆

2)工业机器人系统安装参数

(1)工业机器人本体安装参数。

工业机器人本体的安装位置通常是根据工业机器人的工作空间可达范围进行规划的,从而保证安装完成后的工业机器人不与工作站上的其他设备发生干涉,并且能够顺利地执行所需操作。

安装工业机器人本体前,首先需要掌握工业机器人本体可供固定到基座或底板上的接口与配置,从而准备相应工具,固定IRB120工业机器人本体使用的孔配置如图2-2所示。如图2-3所示为工业机器人本体在执行单元处的安装位置及安装完成示意图。

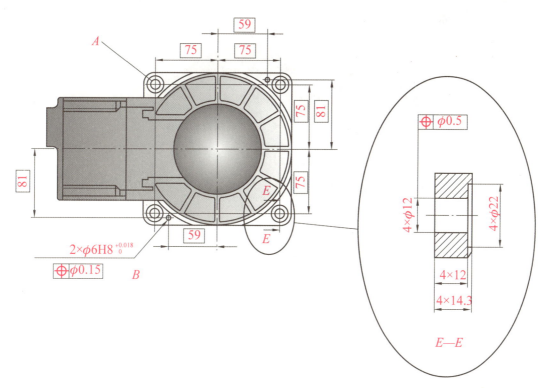

图 2-2　固定 IRB120 工业机器人使用的孔配置

工业机器人本体底座处的接口如图 2-4 所示。

图 2-3　工业机器人本体安装完成示意图

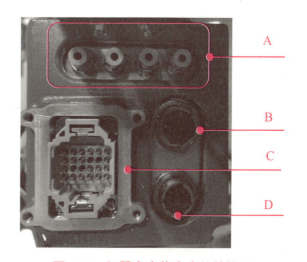

图 2-4　机器人本体底座处的接口

A—压缩空气接口；B—SMB 电缆连接口；
C—电机动力电缆接口；D—用户电缆接口

（2）工业机器人控制柜安装参数。

在安装控制柜之前，首先需要认识控制柜的各个接口，IRC5 Compact 型控制柜各个接口如图 2-5 所示。

在现场安装 IRC5 控制柜的时候，需要考虑安装场地的温度条件是否符合控制柜工作时允许的温度、湿度环境条件，IRC5 控制柜工作时允许的环境温度、湿度见表 2-1 所列，控制柜的防护等级见表 2-2 所列。

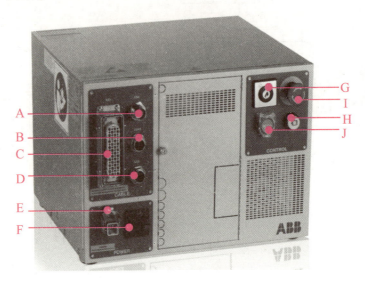

图 2-5　IRC5 Compact 型控制柜各个接口

A—XS.4 示教器线缆连接口；B—XS.41 附加轴 SMB 电缆连接口；C—XS.1 工业机器人供电连接口；
D—XS.2 工业机器人 SMB 电缆连接口；E—主电源开关；F—XP.0 主电源接入口；G—模式开关；
H—电机开启按钮；I—紧急停止按钮；J—制动闸释放按钮（位于盖子下）

表 2-1　IRC5 控制柜工作时允许的温度、湿度环境

参数	温度、湿度值
最低环境温度	0℃（32℉）
最高环境温度	+45℃（113℉）
最大环境湿度	恒温下最大 95%

表 2-2　IRC5 控制柜的防护等级

设备	防护等级
IRC5 Compact 控制柜	IP20

此外还需要考虑控制柜所需的安装空间，保证控制柜工作时能够散热充分。如果 IRC5 控制柜装在台面上（非机架安装型），则其左右两边各需要 50mm 的自由空间，控制柜背面需要 100mm 的自由空间，如图 2-6 所示。另外，切勿将客户电缆放置在控制柜的风扇盖上，这将使检查难以进行并导致冷却不充分。

2. 机电集成系统电气设备安装

1）工业机器人末端执行器安装

工业机器人法兰盘处通常提供了末端工具的安装接口，直接安装工具可简单便捷的使工业机器人实现一种工艺要求，而通过快换装置可以实现不同工具的快速安装，实现多种工艺要求。快换装置的主端口通常安装在工业机器人法兰盘上，法兰盘安装图纸如图 2-7 所示，将法兰盘安装在工业机器人末端，如图 2-8 所示。通过气源驱动可将快换装置的被接端安装

至主端口上,如图 2-9 所示。

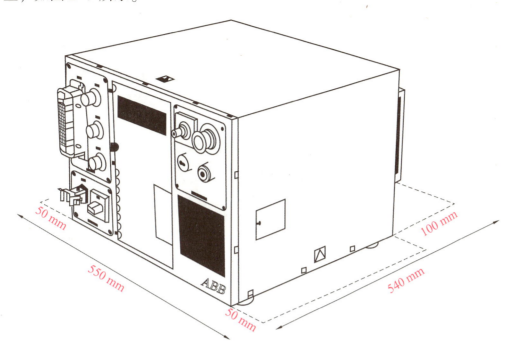

图 2-6　IRC5 Compact 型控制柜安装位置示意图

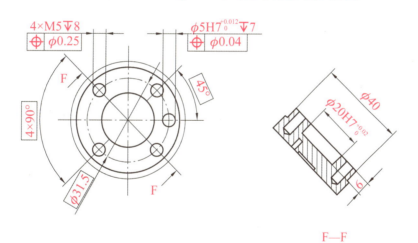

图 2-7　IRB120 工业机器人法兰端口图纸

图 2-8　法兰盘安装在工业机器人末端

图 2-9　工具快换装置

主端口与被接端口对接的定位位置有两个：被接端口的限位凹槽与主端口限位钢珠之间的定位，被接端口的定位销槽与主端口定位销的定位，另外也可以用对齐 U 型口的方式辅助定位。此不对称结构的设计，可有效防止错误配合，从而实现整个工具快换装置的精准定位，如图 2-10 所示为工具快换装置的主端口和被接端口的定位位置。在更换末端工具的过程中，可以通过对准被接端口与主端口外边缘 U 型口的方式来实现末端工具的精准定位。

图 2-10 工具快换装置定位位置

2）工作站的工装夹具认知

工装，即工艺装备，指制造过程中所用的各种工具的总称。包括刀具、夹具、模具、量具、检具、辅具、钳工工具和工位器具等。

工装分为专用工装、通用工装和标准工装（类似于标准件）。夹具顾名思义，用来夹工件（或引导刀具）的装置。

（1）打磨单元工装夹具。

打磨单元是工作站中完成打磨、吹屑工艺的设备，由工作台、打磨工位、旋转工位、翻转工装、吹屑工位、防护罩等组件构成，如图 2-11 所示。打磨工位可准确定位零件并稳定夹持，是实现打磨加工的主要工位；旋转工位也可准确定位零件并稳定夹持，同时还具备带动零件沿其轴线进行 180°旋转的功能，方便切换打磨加工区域；翻转工装可实现零件在打磨工位和旋转工位间的转移，完成零件的翻面；吹屑工位可以实现在零件加工后吹除碎屑的功能。

图 2-11 打磨单元

打磨工位夹具和旋转工位夹具都是用来固定零件的夹具，如图 2-12 所示。

（2）压装单元工装夹具。

压装单元是工作站中完成车标及轮胎安装的设备，由工作台、车标压装工位、轮胎压装工位、滑轨、导锥等组件构成，如图 2-13 所示，通过使用导锥可辅助完成轮胎的安装。

压装单元的夹具包括工件工位夹具（图 2-14）、导锥（图 2-15），工件工位夹具用于放置和固定工件，导锥的使用可以方便轮胎的安装，达到引导的作用。

图 2-12 打磨单元中的工装夹具

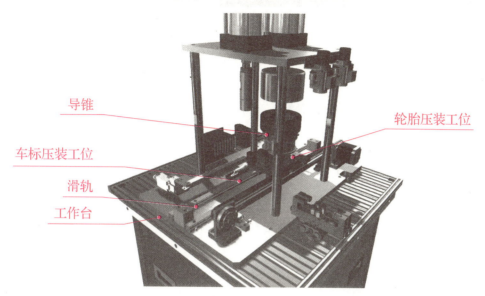

图 2-13 压装单元

图 2-14 工件工位夹具

图 2-15 导锥

3）电气系统组成

案例工作站中使用到 3 个西门子 S7-1200 系列 PLC（CPU 1212C DC/DC/D，订货号：6ES7212-1AE40-0XB0）。总控单元装有两台 CPU，PLC1 是案例工作站中的总控设备，可用于各个单元 IO 设备之间通讯的总体控制和信息转换，实现对压装单元滑台等设备的动作控制和状态监控以及与工业机器人控制器之间的信息交互；PLC2 主要用于控制操作面板按钮及三色灯。第三台 CPU 即 PLC3 搭配数字量输入扩展模块 6ES7212-1AE40-0XB0 安装在执行单元，用于控制伺服滑台的移动。工作站中的 PLC 设备包括 CPU 本体及数字量扩展模块，如图 2-16 所示。

图 2-16　CPU 本体及数字量扩展模块

知识测试

一、填空题

1. 工业机器人系统是由_____、_____、_____、连接线缆组成。

2. 如果 IRC5 控制柜装在台面上（非机架安装型），则其左右两边各需要_____mm 的自由空间，控制柜背面需要_____mm 的自由空间。

3. 快换装置主端口与被接端口对接的定位位置有两个：被接端口的_____与_____的定位。

二、判断题

1. IRC5 控制柜工作时允许的最低环境温度是 +45℃（113℉）。　　　　　　（　　）

2. 快换装置的主端口通常安装在工业机器人法兰盘上。　　　　　　　　　（　　）

3. 工装，即工艺装备，指制造过程中所用的各种工具的总称。包括刀具、夹具、模具、量具、检具、辅具、钳工工具和万用表具等。　　　　　　　　　　　　　（　　）

任务页——机电集成系统装配操作

工作任务	机电集成系统装配操作	教学模式	理实一体
建议学时	参考学时共12学时，其中相关知识学习4课时；学员练习8课时	需设备、器材	工业机器人集成应用设备及配套工具箱、工业机器人集成应用设备技术文件
任务描述	完成工作站系统的安装，主要包含工业机器人系统安装和周边设备安装		
职业技能	2.1.1 能根据装配工艺要求，选用经济有效的安装工具，进行工业机器人本体和控制柜的安装和精度调整。 2.1.2 能根据机械图纸和工艺要求，选用经济有效的安装工具，进行末端执行器、工装夹具及周边应用系统的安装。 2.1.3 能根据电气图纸的要求，结合标准装配流程，进行工作站的电气安装。		

2.1.1 工业机器人系统安装

任务实施

1. 工业机器人系统安装

1）工业机器人本体安装

（1）安装前检查。

为确保安装条件满足要求，工业机器人本体安装前需要完成以下检查内容：

①目测检查_____确保其未受损。

②确保所用的_____适合于工业机器人本体的搬运操作。

③确保工业机器人的_____符合规范要求。

④将工业机器人运到其安装现场前，请确保该现场符合_____。

⑤移动工业机器人前，请先查看工业机器人的_____。

⑥满足这些先决条件后，即可将工业机器人运到其安装现场。

固定工业机器人时使用的孔配置和紧固件的要求如下：

①连接螺栓，____件：M10×____（在底座上直接安装）。

②导销，2pcs：D=_____。

③垫圈，____pcs：10.5×20×2。

④质量：质量等级_____。

⑤拧紧螺距：____Nm。

（2）工业机器人本体安装。

根据工业机器人安装孔配置数据将工业机器人安装在执行单元伺服滑台上面的托盘上，根据安全操作手册完成工业机器人本体的安装。工业机器人本体的安装步骤如下：

工业机器人本体安装

续表

①将工业机器人本体放置在平移滑台的安装平台上的固定位置，注意_____。	
②使用_____、4个M10×25内六角螺钉、_____紧固工业机器人底座与底板。 考虑受力平衡的问题，锁紧时需采用_____的顺序锁紧螺钉，拧紧力矩要求达到35N·m。	
③使用_____将固定工业机器人姿态的支架拆除。	
④将_____锁紧完成工业机器人本体的安装。	

2）控制柜安装

工业机器人控制柜安装步骤如下。

（1）将控制柜安放到合适的位置，左右两侧大约_____mm和背面大约100mm的自由空间。	

续表

（2）将动力电缆标注为_____的插头接入控制柜_____的接口上，安装时注意接头的插针与接口的插孔对准，并锁紧插头。	
（3）将动力电缆另一端的插头接入工业机器人本体底座的对应____接口上，连接时注意插针与插孔对准。	
（4）使用_____锁紧螺钉，考虑到受力平衡，锁紧时需要十字对角的顺序锁紧螺钉。	 
（5）将SMB线缆一端的插头插入到控制柜_____插孔上，安装时注意插针与插孔对准，并且旋紧以固定接头。	
（6）将工业机器人本体一端____线缆插头插入到工业机器人底座控制线缆插孔上，安装时注意插针和插孔对准，并且旋紧接头。	

续表

（7）查看工业机器人控制柜铭牌可知，IRB120型号的工业机器人使用单相____V电源供电，最大功率0.55kW。 根据此参数准备电源线并且制作控制柜端的接头。	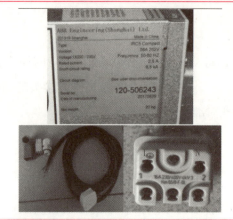
（8）根据步骤（7）的火线、地线、零线的接线口定义进行接线，注意一定要将电线_____后插入接头压紧。	
（9）制作完成的电源线如右图所示。	
（10）将_____插入控制柜XP0端口并锁紧，IRC5 Compact型控制柜的安装及接线完成。	

3）示教器安装

（1）安装前检查。

待安装的示教器如图2-17所示，下面进行示教器的安装，完成工业机器人系统的安装。

在进行示教器安装之前需检查接头的_____（图2-18）是否有_____现象，进行示教器安装的时候注意保证示教器端接头的凹槽与控制柜接口的____相对应，如图2-19所示。

续表

图 2-17 示教器与控制柜连接

图 2-18 示教器线缆针脚

图 2-19 示教器线缆端口（左）控制柜端口（右）

（2）示教器安装。

工业机器人示教器的安装步骤如下。

①将示教器电缆插头插到控制柜_____插孔上，连接时注意对准插针和插孔，并将接口旋紧。

②对示教器线缆进行整理并悬挂到_____上，将示教器放置到工作站台面上的示教器支架上，工业机器人示教器安装完毕。

续表

2. 系统试运行

1) 启动工业机器人系统

完成工业机器人系统的安装后，可以启动工业机器人系统，具体的步骤如下。

启动工业机器人

（1）将控制柜电源与_____接通。将控制柜上的开关由 OFF 旋转至 ON 如右图所示。

（2）完成上述步骤后，稍等片刻，示教器出现如右图所示画面时，说明_____成功。

2) 关闭工业机器人系统

关闭工业机器人的具体步骤如下。

关闭工业机器人

（1）工业机器人末端如装有末端工具，需在关机前先将_____取下，如右图所示。

建议同时调整工业机器人至_____位置。

续表

（2）按照右图所示，单击示教器界面左上角的主菜单按钮进入主菜单，然后单击"_____"。	
（3）示教器弹出右图所示界面，单击左下角的"_____"。	
（4）在弹出的高级重启界面中，单击"_____"，然后单击"下一个"，再次单击"关闭主计算机"，如右图所示。	
（5）待示教器屏幕显示"_____"后，将控制柜电源开关由ON旋转至OFF的位置，如右图所示。	

2.1.2 机电集成系统电气设备安装

任务实施

1. 工业机器人末端执行器安装

1）安装工具快换装置主端口

工具快换装置的工作原理

续表

（1）将_____（工业机器人附带配件）安装在 IRB 120 工业机器人法兰盘中对应的销孔中，安装时切勿倾斜、重击，必要时可使用_____敲击。	
（2）对准快换装置主端口上销孔和定位销、对齐螺纹安装孔，将快换装置主端口安装在工业机器人_____上。 注意：此时由于主端口还未进行固定，操作人员应用手托住_____，防止掉落和误伤。	
（3）使用 M5×40 规格的____螺钉固定主端口，使用规格为 4mm 的内六角扳手锁紧螺钉，紧固快换装置主端口与法兰盘。 考虑到受力平衡，锁紧时需要十字对角的顺序锁紧螺钉。	
2）末端执行工具安装	
（1）按下控制快换主端口动作的电磁阀上的_____按钮，气源向快换装置主端口一侧的气路供气，使快换装置主端口中的活塞上移，锁紧钢珠缩回。	

续表

（2）安装快换装置＿＿＿＿＿＿，使被接端口的限位凹槽、定位销分别与主端口处的＿＿＿＿＿＿对齐。

松开控制快换装置主端口电磁阀动作的手动调试按钮，锁紧钢珠弹出，使工具快换装置锁紧末端工具。

再次按下控制快换装置主端口电磁阀动作的＿＿＿＿＿＿按钮就可以将末端工具拆卸下来，拆卸时注意另一手需要扶住脱开的工具，避免工具脱开后直接坠落，损坏工具及周边设备。

（3）参照步骤（1）-（2）中的方法完成其他快换工具的安装。

2. 工作站的工装夹具安装

打磨单元的夹具包括＿＿＿＿＿＿和＿＿＿＿＿＿，工位夹具主要用于工件的放置和固定，在进行打磨和旋转时保证工件不发生位置的改变，下面进行工装夹具的安装，安装步骤如下。

（1）查看打磨单元的机械安装图纸，将夹具放置到气缸上方的＿＿＿＿＿＿上，注意孔位对齐。

（2）使用＿＿＿＿＿＿锁紧螺钉，完成工装夹具的安装。

续表

3. 电气系统安装

1) PLC 安装

S7-1200 CPU 及扩展模块安装步骤如下。

工作站 PLC 安装

CPU 的安装	
（1）拉出 CPU 下方的_____，然后将 CPU 放置到导轨处的_____位置上。推入卡夹将 CPU 固定在导轨上。	
数字量扩展模块的安装	
（2）将数字量输入扩展模块安装在 CPU 的____。首先使用一字螺丝刀插入到 CPU 盖上方的插槽中，将其上方的盖轻轻撬出并卸下，卸下 CPU 右侧的_____。	
（3）将扩展模块挂在导轨上方，拉出下方的导轨卡夹，向下转动_____使其就位，并推入下方的卡夹将扩展模块锁定在导轨上。	
（4）将_____放入扩展模块上方的小接头旁，将小接头滑到最左侧，使_____伸到 CPU 中。	

(5) 完成 CPU 及扩展模块的硬件安装。	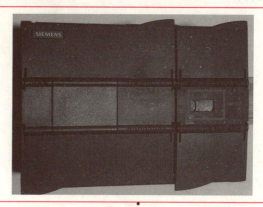

PLC 电气安装

总控单元中的西门子 CPU 1212C DC/DC/DC 接线如图 2-20 所示。

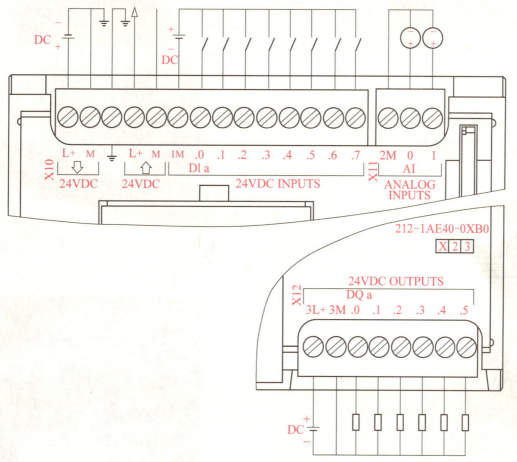

图 2-20　CPU1212C DC/DC/DC 接线图

西门子 S7-1200 CPU 1212C DC/DC/DC 硬件接线包括 CPU 输入输出供电电源接线、扩展模块供电电源接线及输入输出信号的接线，操作步骤如下。

续表

（1）参照图 2-20，由开关电源输出端 +24V、0V，分别连接至_____、_____，完成 CPU 电源的硬件接线。	 
（2）参考工作站系统电气原理图，完成总控 PLC CPU _____ 信号接线。	

2）主电路安装

工作站中每个单元均为独立模块，每个单元均具备一个独立的主电源单独给设备供电，开关电源具体安装步骤如下。

（1）_____与外部电源通过线缆连接。	 

续表

（2）将线缆放入单元的_____中。	
（3）按照步骤（1）-（2）方法进行其余单元的连接。	
IO 信号线安装步骤	
（1）依据工作站电气原理图，将传感器信号线_____连接至输入模块。	
（2）使用一字螺丝刀插入模块中的端子打开口，将 I4.0（CC31040）端子插入_____。	
（3）完成_____的连接。参照上述方法完成其余信号线的安装。	

续表

3）通信接线

以仓储单元为例，在保证传感器及本单元远程 IO 没有故障的前提下，当触发传感器时，检查远程 IO 模块中输入信号指示灯是否有显示，如输入信号指示灯没有显示，应停止触发传感器信号，切断仓储单元供电电源，然后使用万用表测量传感器信号线与本单元远程 IO 模块输入端是否为接通状态，详细步骤如下。

（1）当触发传感器时，观察远程 IO 输入模块 _____ 是否有显示。	
（2）如指示灯没有显示，将万用表打至 _____ 挡位。 一端接入传感器，一段接入 _____，检查是否为接通状态。	

4. 工作站气路安装

工作站中的仓储单元、_____、打磨单元、_____、分拣单元均使用气动驱动的方式改变相关设备的状态。

下面需要根据工作站的气路接线图完成气路连接并对气路连接的正确性进行测试。

1）气路图识读

图 2-21 所示为工业机器人快换夹具气路图，工具快换装置 _____ 负责工具快换装置主端口处进气、排气状态的控制，在电磁阀通电情况下，工具快换控制电磁阀 A 口到工业机器人快换装置主端口处的 C 口之间的气路为 _____，工业机器人快换装置主端口处的 U 口到工具快换控制电磁阀的 B 口之间的气路为 _____；夹爪控制电磁阀 A 口到工业机器人快换装置主端口处的 3 口之间的气路为 _____，工业机器人快换装置主端口处的 4 口到工具快换控制电磁阀的 B 口之间的气路为排气气路。

工业机器人本体有预留 _____ 集成气路，连接后即可完成相应的气路控制，如图 2-22 所示。

续表

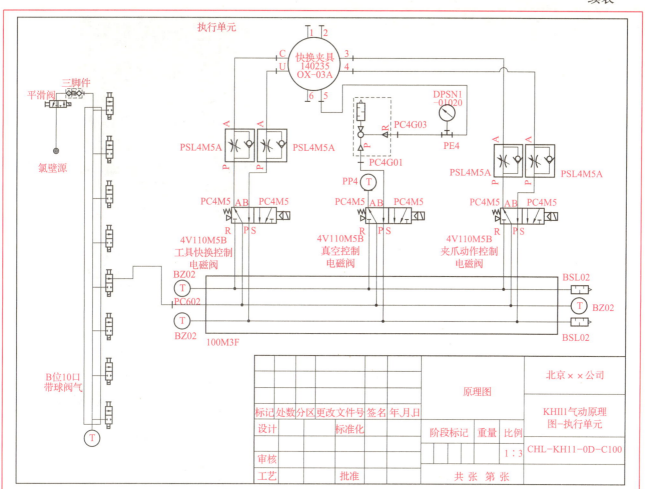

图 2-21　工业机器人快换夹具气路图

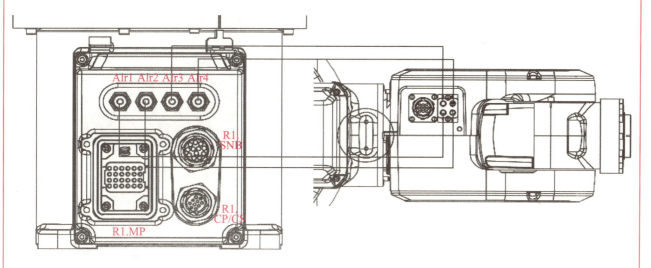

图 2-22　工业机器人集成气路图

2）气路连接

以工业机器人控制快换装置动作的气路为例，连接步骤如下。

续表

（1）手动操纵工业机器人，将工业机器人调整到便于连接____和____的位置和姿态。	
（2）使用气管连接工具快换电磁阀上的 A 气管接口和工业机器人底座上的_____气管接口。 使用气管连接工具快换电磁阀上的_____气管接口和工业机器人底座上的 Air2 气管接口。	 
（3）使用气管连接工业机器人 4 轴上表面的 1 号气管接口和工具快换装置主端口上的_____气管接口。 使用气管连接工业机器人 4 轴上表面的 2 号气管接口和工具快换装置主端口上的_____气管接口。	
（4）确保调压过滤器旁边的手滑阀处于_____状态，将气路压力调整到 0.4MPa 到 0.6MPa。	

续表

(5) 通过按压控制工业机器人工具快换装置动作的电磁阀上的____调试按钮，测试工业机器人快换装置主端口里活塞是否会_____，从而使锁紧钢珠缩回和弹出。

参照以上方法完成执行单元其余气路的连接。

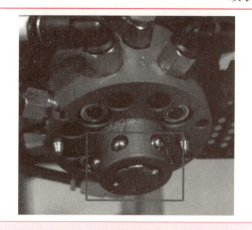

任务评价

1. 任务评价表

评价项目	比例	配分	序号	评价要素	评分标准	自评	教师评价
6S职业素养	30%	30分	①	选用适合的工具实施任务，清理无须使用的工具	未执行扣6分		
			②	合理布置任务所需使用的工具，明确标识	未执行扣6分		
			③	清除工作场所内的脏污，发现设备异常立即记录并处理	未执行扣6分		
			④	规范操作，杜绝安全事故，确保任务实施质量	未执行扣6分		
			⑤	具有团队意识，小组成员分工协作，共同高质量完成任务	未执行扣6分		
机电集成系统装配操作	70%	70分	①	能根据装配工艺要求，选用经济有效的安装工具，进行工业机器人系统（本体、控制柜和示教器）的安装	未掌握扣20分		
			②	能够进行工业机器人系统的试运行，正确启动和关闭工业机器人系统	未掌握扣10分		
			③	能根据机械图纸和工艺要求，选用经济有效的安装工具，完成末端执行器、工装夹具的安装	未掌握扣10分		
			④	能根据电气图纸的要求，结合标准装配流程，完成工作站的电气安装，含PLC硬件安装、通信接线等	未掌握扣15分		
			⑤	能根据电气图纸的要求，结合标准装配流程，完成工作站的气路安装并测试气路安装准确性	未掌握扣15分		
合计							

续表

2. 活动过程评价表

评价指标	评价要素	分数	得分
信息检索	能有效利用网络资源、工作手册查找有效信息；能用自己的语言有条理地去解释、表述所学知识；能将查找到的信息有效转换到工作中	10	
感知工作	是否熟悉各自的工作岗位，认同工作价值；在工作中，是否获得满足感	10	
参与状态	与教师、同学之间是否相互尊重、理解、平等；与教师、同学之间是否能够保持多向、丰富、适宜的信息交流探究学习、自主学习不流于形式，处理好合作学习和状态独立思考的关系，做到有效学习；能提出有意义的问题或能发表个人见解；能按要求正确操作；能够倾听、协作分享	20	
学习方法	工作计划、操作技能是否符合规范要求；是否获得了进一步发展的能力	10	
工作过程	遵守管理规程，操作过程符合现场管理要求；平时上课的出勤情况和每天完成工作任务情况；善于多角度思考问题，能主动发现、提出有价值的问题	15	
思维状态	是否能发现问题、提出问题、分析问题、解决问题	10	
自评反馈	按时按质完成工作任务；较好地掌握了专业知识点；具有较强的信息分析能力和理解能力；具有较为全面严谨的思维能力并能条理明晰表述成文	25	
总分		100	

任务2.2　机电集成系统安全操作

本任务需要完成工作站系统的安全检查，包含物理环境安全检查、电源环境安全检查以及工作站安全装置的安全检查，通过此部分内容的学习，操作人员可以对设备进行安全检查从而确保设备可以正常运行，同时为后续对集成系统进行维护及异常处理做准备。

 知识页——安全装置检查

1. 紧急停止按钮认知

工业机器人的紧急停止按钮一般设置于控制器的操作面板上或示教器上，如图2-23所示，工作站中的紧急停止按钮一般位于操控面板和电气控制柜上，如图2-24所示。

图2-23　工业机器人系统中的紧急停止按钮

紧急停止按钮优先于任何其他的控制操作，它会断开相关电机的驱动电源，停止所有运转部件，并切断运动控制系统及存在潜在危险的功能部件的电源。

工业机器人集成系统中每个可能引发工业机器人运动或其他可能带来危险情况的工位上都必须装配紧急停止装置。必要情况下，需安装外部紧急停止装置，以确保机器人控制系统内急停按钮失效的情况下也有紧急停止装置可供使用。

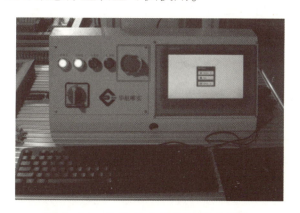

图2-24　工作站中的紧急停止按钮

2. 安全光栅认知

为了保护操作者的人身安全，工业机器人系统需配备物理隔离防护装置，如安全光栅和安全门开关等，这些装置一般与三色报警灯联合使用。

光栅传感器又名光电保护器、安全光幕、光电保护装置等，在工业机器人系统中安装光栅传感器，并将信号传输给三色报警灯，三色报警灯可根据信号做出相应显示，提示工作站当前的工作状态。工作站中当操作者进入光栅内部区域时，机器人会紧急停止，同时三色报警器会出现红灯闪烁，从而保护人身安全。当光栅检测范围无物体侵入时，三色报警灯显示绿色，表示工作站运转正常，如图 2-25 所示。

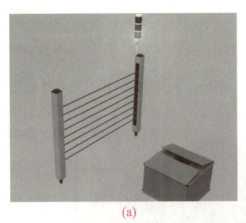
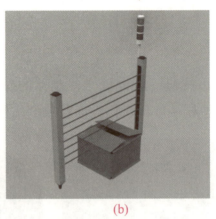

安全光栅的使用

(a)　　　　　　　　　　(b)

图 2-25　光栅传感器简化模型

（a）光栅未触发；（b）光栅触发

知识测试

一、填空题

1. 工作站中的紧急停止按钮一般位于_____和_____上。

2. 为了保护操作者的人身安全，工业机器人系统需配备_____装置，如_____和_____等，这些装置一般与三色报警灯联合使用。

二、判断题

1. 紧急停止按钮优先于任何其他的控制操作，它会断开相关电机的驱动电源，停止所有运转部件，并切断运动控制系统及存在潜在危险的功能部件的电源。（　　）

2. 三色报警灯又名光电保护器、安全光幕、光电保护装置。（　　）

任务页——机电集成系统安全操作

工作任务	机电集成系统安全操作	教学模式	理实一体
建议学时	参考学时共 12 学时，其中相关知识学习 4 课时；学员练习 8 课时	需设备、器材	工业机器人集成应用设备及配套工具箱、工业机器人集成应用设备技术文件
任务描述	完成工作站系统的安全检查，包含物理环境安全检查、电源环境安全检查以及工作站安全装置的安全检查		
职业技能	2.2.1 能根据操作手册的安全规范要求，对工作站使用物理环境进行安全检查。 2.2.2 能根据操作手册的安全规范要求，对工作站使用电源环境进行安全检查。 2.2.3 能按照操作手册的安全规范要求，对安装后的工作站进行安全装置（如安全光栅、安全门、急停保护装置等）的检查		

2.2.1 电源环境安全检查

任务实施

1. 电源环境检查

完成电气安装后应先检查线路是否存在_____，是否存在虚接及松动现象，是否存在裸露在外部的端子，在通电之前通过_____对线路进行检查，线路检查操作步骤如下。

1）检查是否存在短路

（1）在工作站总电源开关旋钮处于_____状态并且工作站控制柜空气开关_____的情况下，才可进行工作站电气系统的检测。

续表

（2）打开万用表，将旋钮转到_____档位。 使用万用表检测直流 24V 和 0V 之间的接线有没有短路，未出现短路时显示如右图所示的数值（数值为示意），出现短路时万用表蜂鸣器会_____，同时指示灯亮起。	
（3）根据工作站主电路电气图纸，使用_____检测工作站的主电路。 检测线路火线和零线之间接线是否出现短路，出现短路时万用表显示如右图所示，万用表蜂鸣器会持续发出响声，同时_____。	
（4）使用万用表检测主电路上有没有出现短路，未出现短路时显示如步骤（3）所示的数值，同时指示灯亮起，蜂鸣器发出持续响声。 如果出现_____，万用表显示如右图所示数值，且没有持续报警声。	 
（5）检测线路是否有接线短路时，如果万用表出现右图的数显，同时指示灯亮起，且蜂鸣器持续发出响声，说明线路连接_____。	

续表

2）检查是否存在松动、虚接现象 （1）在断电的情况下检查端子是否压牢固，是否有＿＿＿＿现象，用手轻轻拽动端子，如右图所示。	
2. 设备工作状态检查 在完成设备物理检查、设备电源环境检查后，方可启动工作站。首先打开设备总开关电源，弹起急停按钮，闭合各个单元的空开后查看各个设备是否正常启动、指示灯显示是否正常。具体操作步骤如下。	
（1）操控总控单元总开关，使工作站处于＿＿＿状态。 确认总控单元的急停按钮处于＿＿＿状态。	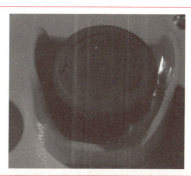
（2）闭合各个单元的开关，查看各个设备是否＿＿＿＿。	

2.2.2 安全装置检查

任务实施

1. 紧急停止按钮检查

1）工业机器人紧急停止按钮检查

在启动设备之前需检查工业机器人紧急停止按钮是否可以正常工作，检测步骤如下。

（1）对紧急停止按钮进行＿＿＿＿，确保没有物理损伤。如果发生紧急停止按钮有任何损坏，则必须更换。		

续表

（2）启动工业机器人系统。

按下紧急停止按钮，如果在 FlexPendant 日志中显示事件消息"_____"，则测试通过。

如果在 FlexPendant 日志中显示事件消息"20223 emergency stop conflict"（20223 紧急停止冲突），则_____。

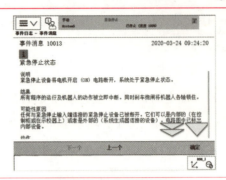

（3）测试后，松开紧急停止按钮并按下"_____"按钮来重置紧急停止状态。

2）机电集成系统紧急停止按钮检查

在设备运行过程中发生危险或紧急状态时，通过按下工作站中的_____会使工作站电源断电，待危险处理后松开急停按钮，工作站恢复工作。将急停按钮按_____方向旋转45°，即可松开。

当总控单元急停按钮按下后，电源断电、设备停止运行则说明急停按钮正常。反之，应检查急停开关触点线路的连接。

2. 安全光栅检查

进行安全光栅检查步骤一般分为四步，检测指示灯、对光、检测、试运行，具体检查步骤如下。

（1）在安装过程中确定安全光栅处于_____状态，安装完成后给安全光栅供电，看此时安全光栅指示灯是否全亮。

（2）确保安全光栅处于开的状态，调整好发光器和受光器的位置，一定要_____对正，使受光器上所有的红色指示灯变成蓝色。

续表

(3) 检测光电保护装置的每一束光束，遮挡住每一束光束看受光器的____指示灯灭，_____指示灯亮，不遮挡则是相反状态。

(4) 正确调试好，安全光栅进入_____状态。

任务评价

1. 任务评价表

评价项目	比例	配分	序号	评价要素	评分标准	自评	教师评价
6S职业素养	30%	30分	①	选用适合的工具实施任务，清理无须使用的工具	未执行扣6分		
			②	合理布置任务所需使用的工具，明确标识	未执行扣6分		
			③	清除工作场所内的脏污，发现设备异常立即记录并处理	未执行扣6分		
			④	规范操作，杜绝安全事故，确保任务实施质量	未执行扣6分		
			⑤	具有团队意识，小组成员分工协作，共同高质量完成任务	未执行扣6分		
机电集成系统安全操作	70%	70分	①	能根据操作手册的安全规范要求，对工作站使用物理环境进行安全检查	未掌握扣10分		
			②	能根据操作手册的安全规范要求，对工作站使用电源环境进行安全检查，排查是否存在短路、松动和虚接现象	未掌握扣40分		
			③	能按照操作手册的要求，对安装后的工作站进行安全装置的检查，含紧急停止按钮、安全光栅	未掌握扣20分		
合计							

续表

2. 活动过程评价表

评价指标	评价要素	分数	得分
信息检索	能有效利用网络资源、工作手册查找有效信息；能用自己的语言有条理地去解释、表述所学知识；能将查找到的信息有效转换到工作中	10	
感知工作	是否熟悉各自的工作岗位，认同工作价值；在工作中，是否获得满足感	10	
参与状态	与教师、同学之间是否相互尊重、理解、平等；与教师、同学之间是否能够保持多向、丰富、适宜的信息交流探究学习、自主学习不流于形式，处理好合作学习和状态独立思考的关系，做到有效学习；能提出有意义的问题或能发表个人见解；能按要求正确操作；能够倾听、协作分享	20	
学习方法	工作计划、操作技能是否符合规范要求；是否获得了进一步发展的能力	10	
工作过程	遵守管理规程，操作过程符合现场管理要求；平时上课的出勤情况和每天完成工作任务情况；善于多角度思考问题，能主动发现、提出有价值的问题	15	
思维状态	是否能发现问题、提出问题、分析问题、解决问题	10	
自评反馈	按时按质完成工作任务；较好地掌握了专业知识点；具有较强的信息分析能力和理解能力；具有较为全面严谨的思维能力并能条理明晰表述成文	25	
总分		100	

项目评测

项目二 机电集成系统安装工作页

项目知识测试

一、选择题

1. 工业机器人本体的（　　）通常是根据工业机器人的工作空间可达范围进行规划的，从而保证安装完成后的工业机器人不与工作站上的其他设备发生干涉。
   A. 安装方式　　　　　　　　　　B. 定位精度
   C. 安装位置　　　　　　　　　　D. 底座规格

2. 工作站应适应于其预期使用的实际环境和运行条件，当实际环境与运行条件不符时，需要进行必要的调整。对于工作站能够正常工作的海拔高度描述正确的是（　　）。
   A. 工作站需在海拔 1000m 以下正常工作。
   B. 工作站需在海拔 2000mm 以下正常工作。
   C. 工作站需在海拔 1500cm 以下正常工作。
   D. 工作站需在海拔 1000mm 以上正常工作。

3. ABB IRB120 工业机器人本体的防护等级为（　　）。
   A. IP40　　　　B. IP30　　　　C. IP20　　　　D. IP50

4. 下列选项中，不属于工业机器人的规格参数的选项是（　　）。
   A. 重复定位精度　　　　　　　　B. 到达最大距离
   C. 运动范围及速度　　　　　　　D. 编程方式

5. 工具快换装置主端口通常安装在工业机器人法兰盘上，被接端口安装在工具上，通过快换装置实现不同工具的快速安装。关于主端口与被接端口定位的描述错误的是（　　）。
   A. 主端口与被接端口通过被接端口的限位凹槽与主端口限位钢珠之间的定位。
   B. 主端口与被接端口通过被接端口的定位销槽与主端口定位销的定位。
   C. 主端口与被接端口通过对齐 U 型口的方式辅助定位。
   D. 主端口与被接端口不需要定位就可以安装完成。

二、多选题

1. 工业机器人集成应用设备中，常用的传感器有光电传感器、行程开关和压力传感器。在安装传感器系统时，下列描述正确的是（　　）。
   A. 光电传感器必须安装在没有强光直接照射处，因强光中的红外光将影响接收管的正常工作。
   B. 行程开关安装位置要准确，安装要牢固；滚轮的方向不能装反，挡铁与其碰撞的位置应符合控制线路的要求，并确保能可靠的与挡铁碰撞。
   C. 只要将传感器固定牢固，光线、是否水平不用考虑。
   D. 压力传感器要轻拿轻放，对于用合金铝材料作为弹性体的小容量传感器，任何振动造成的冲击或者跌落，都很有可能造成很大的输出误差，其底座的安装平面要使用水平仪调整直到水平。

续表

2. 物理环境安全检查主要包括运行环境检查、设备状态检查。下列选项中属于设备状态检查事项的是（　　）。

A. 外观　　　　　　　　　　　　B. 紧固件

C. 环境空气温度　　　　　　　　D. 干涉、碰撞检查

3. 工装，即工艺装备，指制造过程中所用的各种工具的总称。下列选项中属于工装的是（　　）。

A. 吸盘工具　　　　　　　　　　B. 导锥

C. 夹爪　　　　　　　　　　　　D. 旋转工位上的夹具

4. ABB IRC5 Compact 型控制柜上的接口包括（　　）。

A. 示教器线缆接口　　　　　　　B. SMB 电缆连接口

C. 本体动力线缆接口　　　　　　D. 主电源接口

 职业技能测试

一、快换装置安装

图 2-26 所示为工业机器人法兰端机械接口，参照图纸选用适当工具将快换装置的主端口安装至工业机器人法兰处。工具快换装置主端口安装完成示意图如图 2-27 所示。

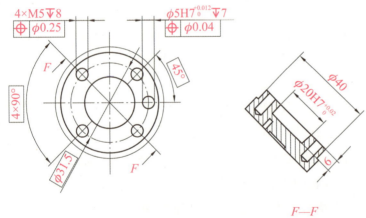

图 2-26　工业机器人法兰端机械接口

图 2-27　工具快换装置主端口安装完成示意图

二、快换装置气路安装

工业机器人端其余气路已经完成连接，现需根据图 2-28 完成工具快换装置的气路连接，即工具快换控制电磁阀到快换装置主端口之间的气路，从而实现调节对应气路电磁阀上的手动调试按钮时，工具快换装置主端口与工具端（被接端口）可以正常锁定和释放。完成气路的连接后，将气路压力调整到 0.4MPa 到 0.6MPa，打开过滤器末端开关，测试气路连接的正确性。

完成工具快换装置的气路连接后，绑扎气管并对气路合理布置，绑扎带需进行适当切割、不能留余太长，留余长度必须小于 1mm。要求气路捆扎美观安全，不影响工业机器人正常动作，且不会与周边设备发生刮擦勾连。整理气管，将台面上的气管整齐地放入线槽中，并盖上线槽盖板。

续表

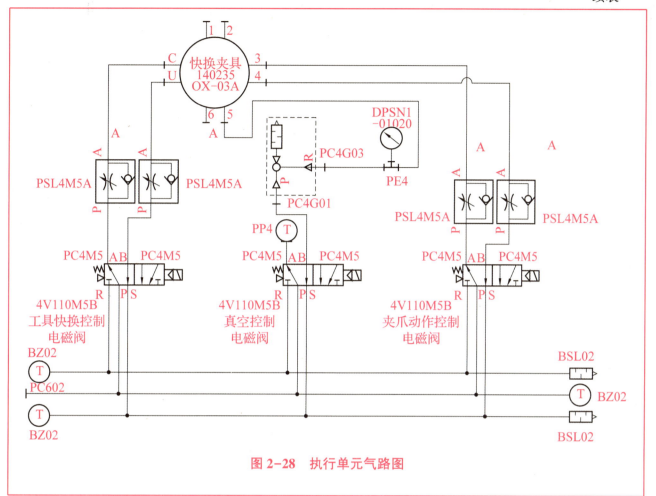

图 2-28 执行单元气路图

项目三

机电集成系统程序开发

?a 项目导言

本项目中工业机器人系统程序开发主要包含ABB工业机器人示教器认知、工业机器人坐标系标定、工业机器人手动操作、工业机器人示教编程,其核心目标是根据工作站的功能需求,针对性地开发适用的工业机器人程序,使各工作站实现预期功能。

本项目以示教器认知为起点,讲解示教器的使用方法与系统环境配置方法,然后由浅入深的讲解手动操纵工业机器人进行坐标系标定、单轴和线性运动的方法、示教编程的方法,最终实现任务中轨迹的示教编程。

工业机器人集成应用职业技能等级标准对照表

工作领域	工业机器人集成系统程序开发				
工作任务	3.1 工业机器人参数设置与手动操作	3.2 工业机器人坐标系的标定与验证	3.3 工业机器人示教编程	3.4 PLC软件安装与编程	3.5 触摸屏软件使用与编程
项目实施 任务分解	工业机器人基础操作	工业机器人系统坐标系建立	程序模块和例行程序建立	工业机器人基础示教编程 / PLC软件安装 / PLC工程文件创建与硬件组态 / PLC案例程序开发	工程文件创建及组态 / 触摸屏案例程序开发

续表

项目实施	职业能力	3.1.1 能操作运用示教盒各个功能键并配置示教盒参数。 3.1.2 能查看示教盒常用信息和事件日志，确认工业机器人当前状态。 3.1.3 能根据安全操作要求，使用示教盒对工业机器人进行手动运动操作并调整工业机器人的位置点。 3.2.1 会使用各种坐标系。 3.2.2 能选择合适的工具坐标系标定方法，标定工具坐标系，并验证标定结果。 3.2.3 能标定工件坐标系并验证标定结果。 3.3.1 能建立程序，进行工业机器人运动指令的添加、修改、删除和基础编程。 3.3.2 能选定运动指令中的工具坐标系和工件坐标系。 3.3.3 能设置运动指令中的运动速度、转弯数据、过渡位置和目标位置等参数。 3.3.4 能示教编程矩形轨迹、三角形轨迹和圆形轨迹等。 3.4.1 能安装 PLC 编程软件。 3.4.2 能使用 PLC 编程软件完成工程创建、硬件组态、变量建立等基本工作。 3.4.3 能使用 PLC 基本指令完成顺序逻辑控制程序编写并下载。 3.5.1 能使用触摸屏编程软件的功能菜单。 3.5.2 能在触摸屏编程软件上创建工程。 3.5.3 能进行简单组件的组态。

任务 3.1　工业机器人参数设置与手动操作

本任务围绕 ABB 工业机器人，讲解进行示教器系统环境配置与状态监测、手动操纵工业机器人的方法，为后续示教编程做准备。

知识页——工业机器人基础操作与系统坐标系建立

1. 工业机器人基础操作

示教器是用户与工业机器人之间的人机对话工具，通过示教器可以实现对工业机器人的手动操纵、程序编写、参数配置以及状态监控，示教器的结构如图 3-1 所示。

1）示教器的使用方法

手持示教器的正确方法为左手握示教器，四指松弛地按在使能器按钮上，右手进行屏幕和按钮的操作，如图 3-2 所示。

使能器按钮是为保证操作人员的人身安全设置的，分为三个挡位：松开按钮时，将无法操纵工业机器人进行运动；轻按下使能器按钮，并且示教器界面上显示工业机器人处于"电机开启"状态时，可以对工业机器人进行手动操作与程序调试；用力按下使能器按钮时，工业机器人处于电机断电的防护状态，工业机器人会立即停止运动。

当发生危险时，操作人员会本能地将使能器按钮松开或按紧，工业机器人会立即停止运动，可以保证操作人员与设备的安全，不同使能器操纵状态时示教器中对应的显示界面如图3-3所示。

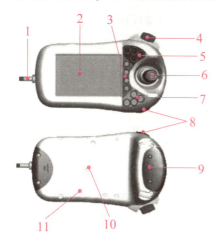

图3-1　示教器结构

图3-2　正确手持示教器姿态

1—示教器线缆；2—触摸屏；3—机器人手动运行的快捷按钮；
4—紧急停止按钮；5—可编程按键；6—手动操纵杆；
7—程序调试控制按钮；8—数据备份用 USB 接口；
9—使能器按钮；10—示教器复位按钮；
11—触摸屏用笔

示教器的安全使用方法

2）示教器的功能键按钮

图3-4 所示为 ABB 工业机器人示教器的按键（功能键按钮），其功能说明如表3-1所示。

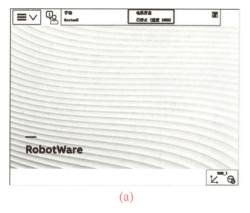

(a)

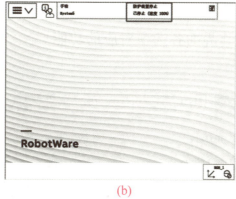

(b)

图3-3　示教器界面中电机状态显示位置

（a）轻按下使能按钮时电机状态；(b) 用力按下或松开使能按钮时电机状态

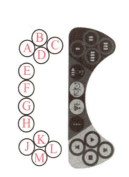

图3-4　示教器上的功能键按钮

表3-1　示教器按键的功能说明

按键编号	功能描述
A—D	预设按键（可编程按键）1-4，可根据需求自行定义。
E	选择机械单元，可实现工业机器人/外轴的切换。
F	切换动作（运动）模式，重定位或线性运动的切换。

续表

按键编号	功能描述
G	切换动作（运动）模式，关节运动轴 1-3 或轴 4-6 的切换。
H	切换增量（默认模式和增量模式的切换）。
J	Step BACKWARD（后退一步）按钮。按下此按钮，可使程序后退至上一条指令。
K	START（启动）按钮。开始执行程序。
L	Step FORWARD（前进一步）按钮。按下此按钮，可使程序前进至下一条指令。
M	STOP（停止）按钮。按下此按钮，可停止程序的执行。

3）示教器的操作界面

启动工业机器人系统后，示教器的默认界面如图 3-5 所示，点击左上角的主菜单按钮可实现默认界面与主菜单操作界面之间的切换。

示教器操作界面上的状态栏显示了与工业机器人系统状态有关的重要信息，如操作模式、电机开启/关闭、活动机械单元和程序状态等，在操作过程中可以通过查看这些信息了解工业机器人当前所处的状态。

示教器的操作界面如图 3-6 所示，包含输入输出、手动操纵、程序编辑器、程序数据、校准和控制面板等选项，操作界面各选项对应的功能说明如表 3-2 所示。

图 3-5 示教器默认界面

1—操作模式；2—系统名称和控制柜名称；
3—控制器状态；4—程序状态及运行速度；
5—机械单元

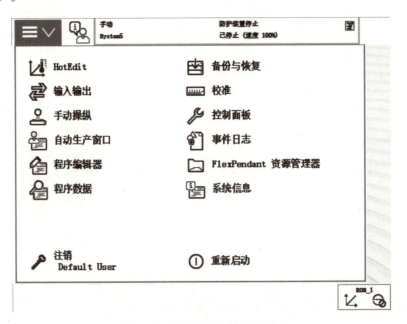

图 3-6 示教器的操作界面

表3-2 示教器操作界面各选项的功能说明

选项名称	说明
HotEdit	程序模块下轨迹点位置的补偿设置窗口。
输入输出	设置及查看I/O视图窗口。
手动操纵	动作模式设置、坐标系选择、控制杆锁定及载荷属性的更改窗口,还可显示实际位置。
自动生产窗口	在自动模式下,可直接调试程序并运行。
程序编辑器	建立程序模块及例行程序的窗口。
程序数据	选择编程时所需程序数据的窗口。
备份与恢复	可备份和恢复系统。
校准	进行转数计数器和电机校准的窗口。
控制面板	进行示教器的相关设定。
事件日志	查看系统出现的各种提示信息。
FlexPendant 资源管理器	查看当前系统的系统文件。
系统信息	查看控制柜及当前系统的相关信息。
注销	注销用户,可进行用户的切换。
重新启动	机器人的关机和重启窗口。

2. 工业机器人系统中的坐标系及建立方法

1) 工业机器人系统中的坐标系

工业机器人系统常用的坐标系有大地坐标系、基坐标系、工具坐标系和工件坐标系,如图3-7所示。

大地坐标系是机器人出厂默认的,一般情况下,位于工业机器人底座上。大地坐标系有助于处理多个机器人或由外轴移动的机器人。

基坐标系一般位于工业机器人的基座,是便于机器人本体从一个位置移动到另一个位置的坐标系(常应用于机器人扩展轴)。在默认情况下,大地坐标系与基坐标系是一致的。

工件坐标系与工件相关,其定义位置是相对于大地坐标系(或其他坐标系)的位置,其目的是使机器人的手动运行以及编程设定的位置均以该坐标系为参照。机器人可以拥有若干工件坐标系,表示不同工件或者同一工件在不同位置的若干副本。机器人在出厂时有一个预定义的工件坐标系wobj0,默认与基坐标系一致。

工具坐标系(缩写为TCPF——Tool Center Point Frame)是一个原点位于工具上、可由用户自由定义的坐标系。工具坐标系的原点被称为TCP(Tool Center Point),即为工具中心点。在工具坐标系下,机器人可以沿着工具作业方向(工具作业方向是指工具的工作方向)移动或绕 TCP 调整作业所需姿态。

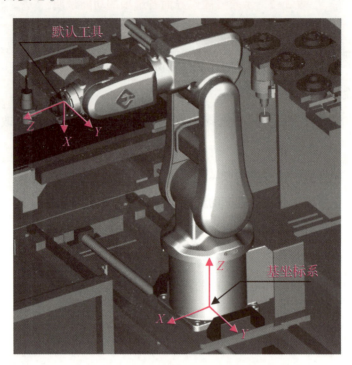

图 3-7　工业机器人系统中的坐标系

2）工具数据 tooldata

新建工具坐标后，工业机器人系统内将自动建立一组用于记录工具各参数的程序数据，即工具数据 tooldata，完全定义工具的程序数据即可完成工业机器人工具坐标系的定义。出厂默认的工具坐标系数据被存储在命名为 tool0 的工具数据中，编辑工具数据可以对相应工具坐标系进行修改。

tooldata 对应的参数如表 3-3 所示，使用工具坐标定义方法设定工具坐标系时，定义坐标系过程中系统自动完成标定工具参数数值（工具质量除外）的填写。

表 3-3　tooldata 对应的参数

名称	参数	单位
工具中心点的笛卡尔坐标	tframe.trans.x	mm
	tframe.trans.y	
	tframe.trans.z	
工具的框架定向（必要情况下需要）	tframe.rot.q1	无
	tframe.rot.q2	
	tframe.rot.q3	
	tframe.rot.q4	
工具质量（定义坐标系前须修改）	tload.mass	kg

续表

名称	参数	单位
工具重心坐标（必要情况下需要）	tload. cog. x	mm
	tload. cog. y	
	tload. cog. z	
力矩轴的方向（必要情况下需要）	tload. aom. q1	无
	tload. aom. q2	
	tload. aom. q3	
	tload. aom. q4	
工具的转动力矩（必要情况下需要）	tload. ix	$kg \cdot m^2$
	tload. iy	
	tload. iz	

3）工具坐标系建立方法

工具坐标系建立即定义工具坐标系的中心点 TCP 及坐标系各轴方向，其设定方法包括"TCP（默认方向）N（3≤N≤9）点法""TCP 和 Z 法""TCP 和 Z，X 法"。进行工具坐标系建立前，需要根据需求选择建立坐标系的方法。

（1）TCP（默认方向）N（3≤N≤9）点法。

机器人工具的 TCP 通过 N 种不同的姿态同参考点接触，得出多组解，通过计算得出当前工具 TCP 与机器人安装法兰中心点（默认 TCP）相对位置，其坐标系方向与默认工具坐标系（tool0）一致。选取的点数越多，工具坐标建立的准确性越高，同时也增加了工业机器人系统的计算时间，此处建议选择 4 点法。

（2）TCP 和 Z 法。

在 N 点法基础上，增加 Z 点与参考点的连线为坐标系 Z 轴的方向，改变了默认工具坐标系的 Z 方向。

（3）TCP 和 Z，X 法。

在 N 点法基础上，增加 X 点与参考点的连线为坐标系 X 轴的方向，Z 点与参考点的连线为坐标系 Z 轴的方向，改变了默认工具坐标系的 X 和 Z 方向。

知识测试

一、填空题

1. 用力按下使能器按钮时，工业机器人处于_____的防护状态，工业机器人会立即停止运动。

2. 点击示教器默认界面左上角的_____可实现默认界面与主菜单操作界面之间的切换。

3. 工业机器人系统常用的坐标系有_____、_____、_____和_____。

二、判断题

1. 使能器按钮是为保证操作人员的人身安全而设置的，分为三个挡位：松开按钮时，可以对工业机器人进行手动操作与程序调试。（　　）

2. 操纵示教器上的切换增量按键，可以实现重定位或线性运动的切换。（　　）

3. 大地坐标系是机器人出厂默认的，一般情况下，位于工业机器人底座上。大地坐标系有助于处理多个机器人或由外轴移动的机器人。（　　）

任务页——工业机器人参数设置与手动操作

工作任务	工业机器人参数设置与手动操作	教学模式	理实一体
建议学时	参考学时共3学时,其中相关知识学习2课时;学员练习1课时	需设备、器材	工业机器人集成应用设备、工业机器人、示教器
任务描述	进行示教器系统环境配置与状态监测、手动操纵工业机器人		
职业技能	3.1.1 能操作运用示教盒各个功能键并配置示教盒参数。 3.1.2 能查看示教盒常用信息和事件日志,确认工业机器人当前状态。 3.1.3 能根据安全操作要求,使用示教盒对工业机器人进行手动运动操作并调整工业机器人的位置点。 3.2.1 会使用各种坐标系。 3.2.2 能选择合适的工具坐标系标定方法,标定工具坐标系,并验证标定结果。 3.2.3 能标定工件坐标系并验证标定结果		

3.1.1 工业机器人基础操作

任务实施

1. 示教器语言更改

ABB工业机器人的示教器出厂时默认的系统显示语言为英文,进行如下操作步骤将示教器的显示语言设定为中文(操作人员惯用语言),方便日常操作。

示教器语言设置

(1) 在_____模式下,点击主菜单按钮进入主菜单界面,如右图所示。

在主菜单界面,点击"_____",如右图所示。

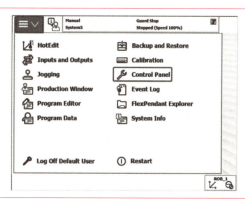

(2) 按照右图所示进入"Control Panel"界面,单击示教器界面上的"_____"。

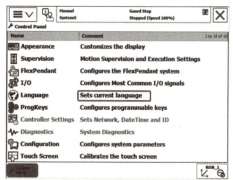

续表

（3）示教器弹出右图所示界面，选择"_____"，点击右下角的"OK"。	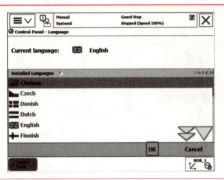
（4）在图示弹出的重启提示框中，点击"Yes"，示教器将重新启动。 示教器重新启动后操作界面将显示为_____。	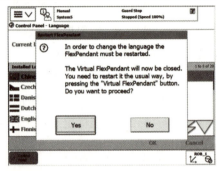

2. 工业机器人系统时间设定

在进行工业机器人的各种操作之前，采取如下步骤将工业机器人系统的时间设定为_____的时间，有利于文件的管理和故障的查阅。

（1）进入控制面板界面，单击"_____"选项，进行日期和时间的修改，如右图所示。	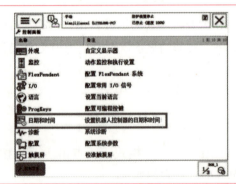
（2）在图示界面中，可以对示教器的日期和时间进行设定和修改。 A：可选择_____或手动时间。 当控制柜持续与时间服务器操持连接时，选择网络时间，系统将使用时间服务器的 NTP 协议自动同步时间；如果控制柜无法联系到时间服务器时，则选择人工时间。图中选择的为手动时间。 B：可设定时区，选择工业机器人所在地时区。 C：点击-（减号）或+（加号）按钮配置日期的_____。 D：点击-（减号）或+（加号）按钮配置时间的时钟数和分钟数。	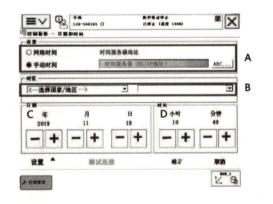

续表

（3）根据当地时间完成日期和时间设置后，点击_____按钮，完成示教器时间的设置。

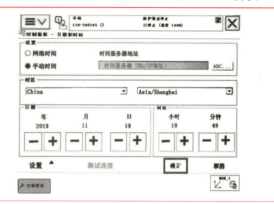

3. 工业机器人事件日志查看
查看工业机器人事件日志的操作步骤如下。

（1）使用_____点击示教器界面上方的"状态栏"，如右图所示。

（2）进入到事件日志界面，会显示出工业机器人运行的_____，包括事件发生的时间日期等（如右图所示）。

（3）另存所有日志为…：用于将工业机器人的_____存储为.txt文件进行保存。

删除："删除日志…"可删除当前视图中的事件消息；"删除全部日志…"可删除全部日志中的事件消息。

视图：用于切换_____的类别，例如共用、系统等。

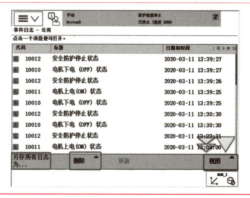

续表

（4）点击_____，可进入对应的事件消息界面查看详细说明，可为分析相关事件和问题提供准确的信息（如右图所示）。	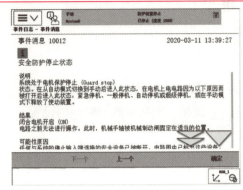
（5）点击"确定"按钮，可返回至_____界面（如右图所示）。	

4. 工业机器人运行模式切换

在工业机器人操作应用过程中，一般先采用_____模式进行工业机器人点位示教和程序的调试，确认无误后，使用自动模式使工业机器人进行生产工作。设置工业机器人运行模式的操作步骤如下。

工业机器人手动自动运行模式的切换

（1）将工业机器人控制柜的模式开关转到右图所示位置，则当前工业机器人运行模式设置为_____模式。	
（2）将工业机器人切换至_____时，需先将模式开关转动到如右图所示位置。	

续表

（3）在示教器上点击"确定"，确认模式的更改操作，工业机器人的运行模式设置为_____模式。	

3.1.2 工业机器人系统坐标系建立

任务实施

1. 设置工具数据

在实际生产应用中，如果已知工具的测量值，则可以直接在示教器中选择工具数据，然后设置对应参数，完成工具数据的设置。设置工具数据的操作步骤如下。

方法一

（1）在"手动操纵"界面内，点击"_____"（如右图所示）。	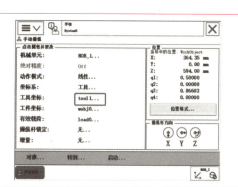
（2）在工具列表中，选择工具tool1，点击"编辑"，选择"_____"。	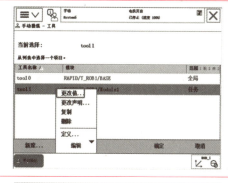
（3）根据所使用工具的实际参数，进行工具数据的设置（如右图所示）。 可通过_____，查看工具数据的所有参数。	

续表

（4）翻页找到"_____"质量参数并选中，修改工具的质量（单位：kg）。 例如工具质量是 1kg，修改 mass 数值为 1，点击"确定"，完成工具质量的设定。 采用相同的方法，完成其余参数的修改。	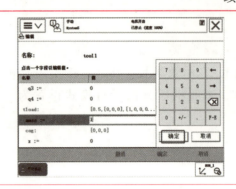
方法二	
（1）在示教器中依次点击"程序数据-_____"，进入右图所示界面。	
（2）依次点击"tooldata" "_____"（如右图所示）。	
（3）选中所需设置的工具数据，点击"编辑"并选择"_____"。	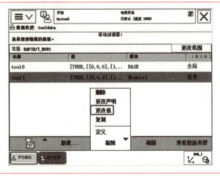
（4）进入工具数据的参数界面，输入该工具相应的_____、重心等参数，点击"确定"按钮完成工具数据的设置（如右图所示）。	

续表

2. 工具坐标系建立与验证

如图 3-8 所示坐标系的建立为例，使用 _____ 进行坐标系的建立，详细操作步骤如下。

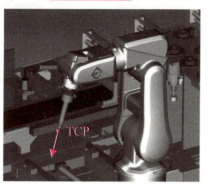

图 3-8 案例工具坐标系示意图

1）工具坐标系建立	 工具坐标系的设定
（1）在"手动操纵"界面内点击"_____"。	
（2）在如右图所示界面中点击"_____"。	
（3）点击"确定"，新建一个工具坐标，分别设置工具坐标的 _____、_____ 等属性，此处使用默认属性。	

续表

（4）选中目标工具坐标，点击"编辑"选择"_____"，对该工具坐标的数据值进行更改。	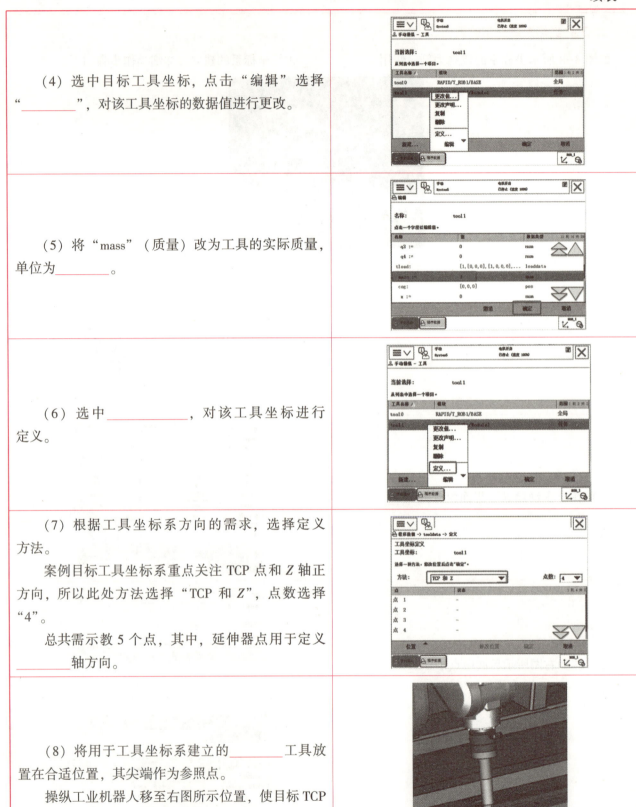
（5）将"mass"（质量）改为工具的实际质量，单位为_____。	
（6）选中_____，对该工具坐标进行定义。	
（7）根据工具坐标系方向的需求，选择定义方法。 案例目标工具坐标系重点关注 TCP 点和 Z 轴正方向，所以此处方法选择"TCP 和 Z"，点数选择"4"。 总共需示教 5 个点，其中，延伸器点用于定义_____轴方向。	
（8）将用于工具坐标系建立的_____工具放置在合适位置，其尖端作为参照点。 操纵工业机器人移至右图所示位置，使目标 TCP 点无限接近参照点，即尖锥工具的尖点。	

续表

（9）选中"点1"并点击"_____"，完成点1的示教和定义。	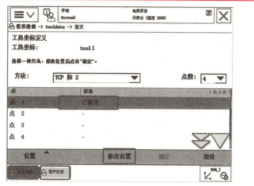
（10）参照步骤（8）和（9），完成点2、3、4的示教和定义。 注意：前3个位置点的姿态为任取，第4点最好为_____姿态，便于延伸器点的获取。	
（11）以点4的姿态和位置为_____，操纵工业机器人运动，使得参照点成为所需定义的工具坐标系Z轴正向上的某个点。即TCP到固定参照点的方向为+Z，如右图所示。	
（12）选中"延伸器点Z"并点击"_____"，完成Z轴延伸器点Z的示教和定义（如右图所示）。	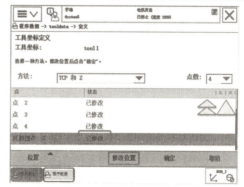

（13）将工具坐标系所有点位都定义好后，可点击"位置"，并选择"保存"，将其保存到文件，便于数据的重复使用。其他选项功能注释如下： 点击"_____"，将清空定义点的位置信息，便于重新定义； 点击"加载"可加载保存定义点位置信息文件中的数据。	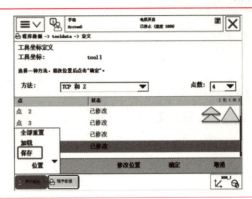
（14）点击"确定"，系统将显示_____对话框，可在将结果写入到控制器之前对其进行"取消"或"确定"操作。	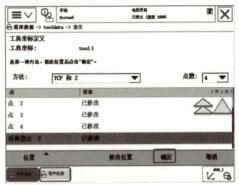
（15）若TCP误差在允许范围（例如要求平均误差≤0.5mm）之内，点击"确定"完成工具坐标系的定义；不满足则点击"取消"，_____后进行示教和定义，直到TCP误差满足条件。 工具坐标与基坐标一样，符合笛卡尔坐标系的_____。 其余延伸点参照步骤（11）~步骤（12）。	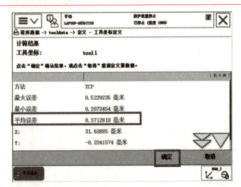
完成案例工具坐标系的建立后，需手动操纵工业机器人验证工具坐标系准确性，具体操作步骤如下。	
2）重定位运动测试	
（1）将工业机器人的动作模式设置为_____，参考坐标系设置为需要验证的工具坐标系，此处选择tool1。	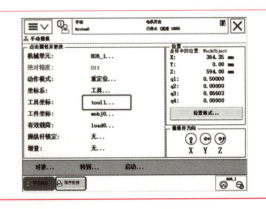

（2）按下使能按钮，电机开启后，操纵控制杆偏转。

控制杆的偏转方向决定工业机器人工具运动的方向，偏转幅度决定了运动的_____。手动操纵界面图示位置的图标显示了控制杆偏转方向与工业机器人工具运动方向的对应关系。

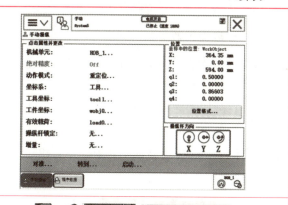

（3）如果工业机器人在三个方向的_____均绕着当前TCP点做运动，则重定位运动测试通过。

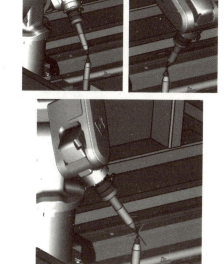

3）线性运动测试

（1）将工业机器人的动作模式设置为_____，参考坐标系设置为需要验证的工具坐标系，此处选择tool1。

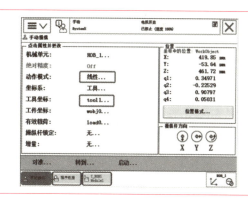

（2）按下使能按钮，电机开启后，操纵控制杆偏转。

控制杆的偏转方向决定工业机器人工具运动的_____，偏转幅度决定了运动的_____。手动操纵界面图示位置的图标显示了控制杆偏转方向与工业机器人工具运动方向的_____。

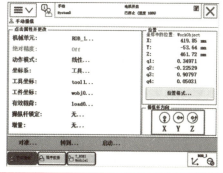

续表

（3）操纵工业机器人沿着工具坐标系的 Z 向运动，如果工业机器人 Z 方向与预期_____，则线性运动测试通过，工具坐标系建立正确。

注意，如建立坐标系时选择了多个延伸点，则需要分别对各个方向的_____运动进行测试，如各方向均准确无误，才可验证工具坐标系的建立正确。

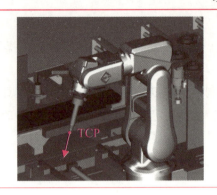

3. 工件坐标系建立与验证

案例工件坐标系示意图如图 3-9 所示，利用前面完成定义的工具 tool1 进行工件坐标系的建立。

图 3-9　工件坐标系示意图

建立工件坐标系并测试准确性

1）定义工件坐标系

（1）在手动操纵界面选择"_____"。

注意：工具坐标需选择工业机器人末端当前安装且已经完成工具坐标系建立的工具。

（2）在工件列表界面，点击"_____"。

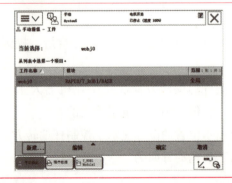

续表

（3）点击"确定"，新建一个工件坐标"wobj1"。 注意： 如需更改名称，单击名称后的"…"，即可进入_____窗口；实际应用中，还可根据需求对工件数据属性（范围、存储类型、任务、模块等）进行设定（一般为默认，无须更改）。	
（4）点击"编辑"，选择"_____"，开始工件坐标系 wobj1 的定义。	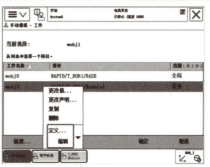
（5）用户方法选择"_____"。	
（6）手动模式下，操纵工业机器人运动，使当前使用工具的_____点到达预定_____轴上任意一点。 点击"修改位置"，将该点示教为"用户点X1"。	
（7）进行 X2 点的定义，X1 点到 X2 点的方向为预定 X 轴的_____。 操纵工业机器人运动，使当前使用工具的 TCP 点到达预定 X 轴上其他任意一点，点击"_____"，将该点示教为"用户点X2"。 注意：X1 和 X2 之间的距离越_____，定义就越精确。	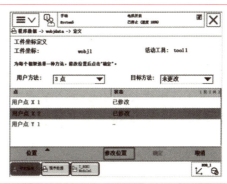

（8）最后操纵工业机器人运动，使当前使用工具的_____点到达工件坐标系预定_____轴正方向上任意一点，点击"修改位置"，将该点示教为"用户点Y1"。 Y1点在X1X2连线上的投影点到Y1点的方向为预定Y轴的_____方向。	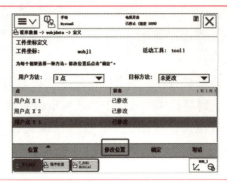
（9）确认完成3个用户点的定义后，点击"_____"按钮。	
（10）确定后会跳出工件坐标的计算结果，在确认结果后，点击"确定"按钮完成_____的定义。 完成定义的工件坐标系的_____就是Y1点在X1X2连线上的投影点。工件坐标符合右手笛卡尔坐标系，所以当X轴和Y轴正方向设定完成后，Z轴正方向也就确定了。	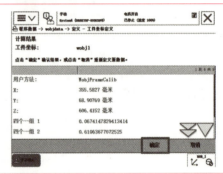
2）工件坐标系准确性测试	
（1）完成工件坐标系的定义后，进行该工件坐标系的_____测试。 设置工业机器人的动作模式为_____运动，坐标系选择为工件坐标系，工具坐标为当前安装工具的对应_____，工件坐标选择为测试工件坐标系。	
（2）完成以上操作后，对工件坐标系进行准确性测试，若工业机器人沿测试工件坐标系的运动方向与预期坐标系方向保持一致，则工件坐标系定义_____。	

续表

任务评价

1. 任务评价表

评价项目	比例	配分	序号	评价要素	评分标准	自评	教师评价
6S职业素养	30%	30分	①	选用适合的工具实施任务，清理无须使用的工具	未执行扣6分		
			②	合理布置任务所需使用的工具，明确标识	未执行扣6分		
			③	清除工作场所内的脏污，发现设备异常立即记录并处理	未执行扣6分		
			④	规范操作，杜绝安全事故，确保任务实施质量	未执行扣6分		
			⑤	具有团队意识，小组成员分工协作，共同高质量完成任务	未执行扣6分		
工业机器人参数设置与手动操作	70%	70分	①	能操作运用示教器各个功能键，配置示教器的操作环境，含示教器显示语言、系统时间	未掌握扣10分		
			②	能查看工业机器人系统常用信息和事件日志，确认工业机器人当前状态	未掌握扣10分		
			③	能根据安全操作要求，切换工业机器人的运行模式，手动操纵工业机器人，调整工业机器人的位置点	未掌握扣10分		
			④	能选择合适的工具坐标系标定方法，标定工具坐标系，并验证标定结果	未掌握扣20分		
			⑤	能标定工件坐标系并验证标定结果	未掌握扣20分		
合计							

2. 活动过程评价表

评价指标	评价要素	分数	得分
信息检索	能有效利用网络资源、工作手册查找有效信息；能用自己的语言有条理地去解释、表述所学知识；能将查找到的信息有效转换到工作中	10	
感知工作	是否熟悉各自的工作岗位，认同工作价值；在工作中，是否获得满足感	10	

续表

评价指标	评价要素	分数	得分
参与状态	与教师、同学之间是否相互尊重、理解、平等；与教师、同学之间是否能够保持多向、丰富、适宜的信息交流探究学习、自主学习不流于形式，处理好合作学习和状态独立思考的关系，做到有效学习；能提出有意义的问题或能发表个人见解；能按要求正确操作；能够倾听、协作分享	20	
学习方法	工作计划、操作技能是否符合规范要求；是否获得了进一步发展的能力	10	
工作过程	遵守管理规程，操作过程符合现场管理要求；平时上课的出勤情况和每天完成工作任务情况；善于多角度思考问题，能主动发现、提出有价值的问题	15	
思维状态	是否能发现问题、提出问题、分析问题、解决问题	10	
自评反馈	按时按质完成工作任务；较好地掌握了专业知识点；具有较强的信息分析能力和理解能力；具有较为全面严谨的思维能力并能条理明晰表述成文	25	
总分		100	

任务3.2 工业机器人程序开发

通过示教编程可以操纵工业机器人按照预期轨迹运动,任务将通过案例细致地讲解工业机器人指令添加及点位示教方法,使读者掌握手动操纵工业机器人进行基础示教编程的技能。

知识页——工业机器人程序开发基础知识

1. RAPID 语言

RAPID 语言是由工业机器人厂家针对用户示教编程所开发的机器人编程语言,RAPID 语言类似于高级编程语言,与 VB 与 C 语言相近。所以只要学习过高级编程语言,便能快速掌握 RAPID 编程语言。RAPID 编程语言进行数据存储时,将模块划分为系统程序模块和任务模块。任务模块被视为任务/应用的一部分,而系统程序模块被视为系统的一部分。

系统程序模块在系统启动期间自动加载到任务缓冲区,旨在(预)定义常用的系统特定数据对象(工具、焊接数据、移动数据等)、接口(打印机、日志文件)等。

任务模块保存在程序文件上时,不包括系统程序模块。在进行程序规划时,通常将实际任务或一类应用的程序按照功能或工艺等划分成若干个模块,每个模块又按照实际流程和动作等划分成若干个例行程序,如图 3-10 所示。示教器界面中程序文件层级显示如图 3-11 所示。

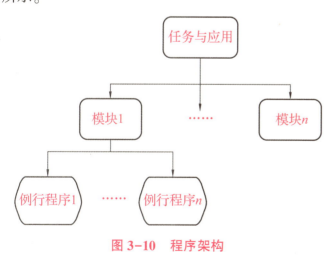

图 3-10 程序架构

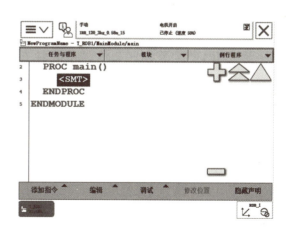

图 3-11 示教器界面中程序文件层级显示

每一个程序模块都包含程序、程序数据、函数和指令,程序分为三类:Procedure 类型的程序没有返回值、Function 类型的程序有特定类型的返回值和 Trap 类型的中断例行程序。

2. 工业机器人手动调试方法

工业机器人在空间上的运动方式主要有绝对位置运动、关节运动、线性运动和圆弧运动,每种运动方式都有其对应功能的运动指令。进行示教编程前，需先了解工业机器人的常用运动指令。

在完成程序的示教编程后，需要对程序进行调试，检查是否正确，调试方法分为单步和连续。在调试过程中，需要用到程序调试控制按钮，如图3-12所示。

（1）连续：按压此按钮，可以连续执行程序语句，直到程序结束；

（2）上一步：按压此按钮，执行当前程序语句的上一语句，按一次往上执行一句；

（3）下一步：按压此按钮，执行当前程序语句的下一语句，按一次往下执行一句；

（4）暂停：按压此按钮停止当前程序语句的执行。

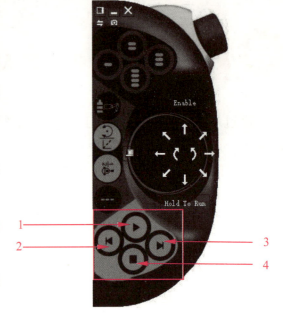

图3-12　程序调试控制按钮

1—连续；2—上一步；3—下一步；4—暂停

知识测试

一、填空题

1. RAPID 编程语言进行数据存储时，将模块划分为_____和_____。

2. RAPID 程序分为三类：_____、_____和_____。

3. 工业机器人在空间上的运动方式主要有_____、_____、_____和圆弧运动。

二、简答题

1. 简述使用示教器手动单步调试程序的方法。

2. 简述 RAPID 语言中三类程序的特点。

任务页——工业机器人程序开发

工作任务	工业机器人程序开发	教学模式	理实一体
建议学时	参考学时共8学时，其中相关知识学习4课时；学员练习4课时	需设备、器材	工业机器人集成应用设备
任务描述	掌握工业机器人指令添加及点位示教方法，能够手动操纵工业机器人进行基础示教编程		
职业技能	3.3.1 能建立程序，进行工业机器人运动指令的添加、修改、删除和基础编程。 3.3.2 能选定运动指令中的工具坐标系和工件坐标系。 3.3.3 能设置运动指令中的运动速度、转弯数据、过渡位置和目标位置等参数。 3.3.4 能示教编程矩形轨迹、三角形轨迹和圆形轨迹等		

3.2.1 程序模块和例行程序建立

任务实施

建立程序模块和例行程序步骤如下。

建立程序模块及例行程序

1. 建立程序模块

（1）点击主菜单按钮，切换至主菜单界面，然后点击"_____"。

（2）在"程序编辑器"界面点击"文件"，点击"_____"。

选项解读：

_____，用于新建一个程序模块；

_____，用于将存储设备中的模块加载进来；

_____，将模块另存为其他位置；

更改声明，更改模块的_____；

_____，将模块删除。

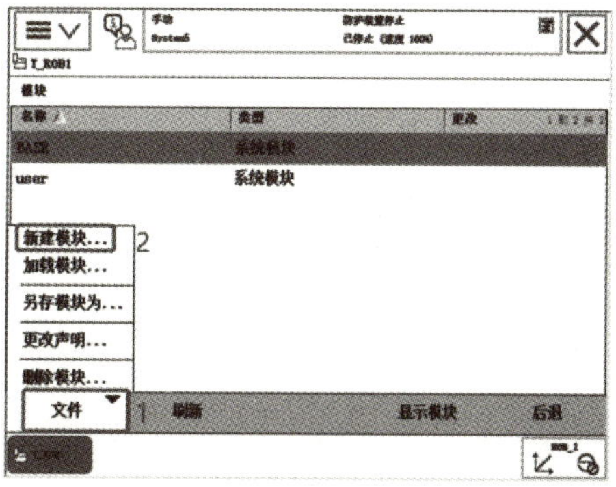

续表

（3）将程序模块命名为"Module1"，然后点击"确定"按钮，完成模块的_____。	
2. 建立例行程序	
（1）选择"Module1"，点击"_____"按钮。	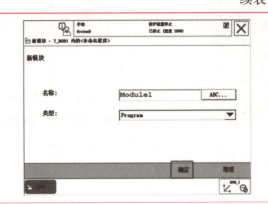
（2）点击"_____"。	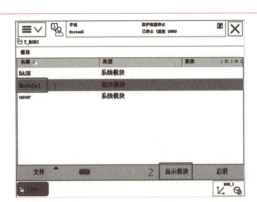
（3）点击"文件"，然后点击"新建例行程序"。 复制例行程序，将会复制选中的例行程序中的_____； _____，将例行程序移动至其他任务或模块下； _____，可更改例行程序的类型、参数及模块； _____，对例行程序重新命名； _____，将_____进行删除。	

续表

（4）定义例行程序的名称、类型、_____等属性，然后点击确定完成例行程序的新建。

3.2.2 工业机器人基础示教编程

任务实施

1. 利用绝对位置运动指令使各轴回机械零点

下面使用 MoveAbsJ 指令程序控制工业机器人的各关节轴回机械零点（如图 3-13 所示），完成 MoveAbsJ 指令添加及设定。指令添加及设定详细操作步骤如下。

参数名称	参数值
rax_1	0
rax_2	0
rax_3	0
rax_4	0
rax_5	0
rax_6	0
eax_a	9E+09
eax_b	9E+09
eax_c	9E+09
eax_d	9E+09
eax_e	9E+09

利用 MoveAbsJ 指令使机器人各轴回零点位置

图 3-13 工业机器人的各关节轴处于机械零点位置时姿态及参数

（1）新建例行程序 Routine1（　　）。

选中待编辑指令行，点击"_____"，在"Common"类别下选择指令"_____"，如右图所示，指令添加完成。

其他运动指令的添加方法与此相同。

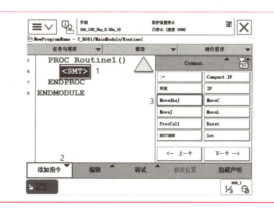

续表

（2）选中"_____"，点击"调试"，点击"_____"，可以查看并修改"_____"点位处工业机器人的位置参数数值。

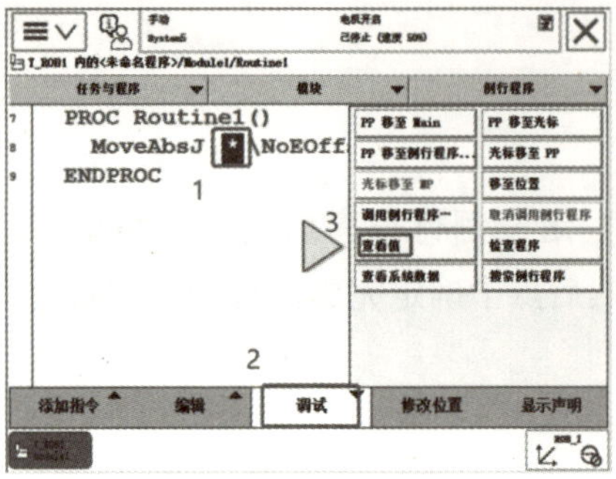

（3）分别点击右图所示1-6关节轴的_____，修改为右图所示案例规定的数值，完成修改后点击"确定"按钮，完成修改。

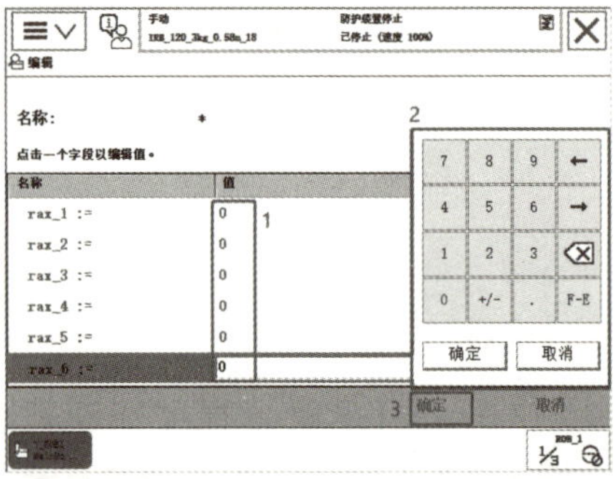

（4）点击"MoveAbsJ"指令行中的参数，可进入对应的_____界面。

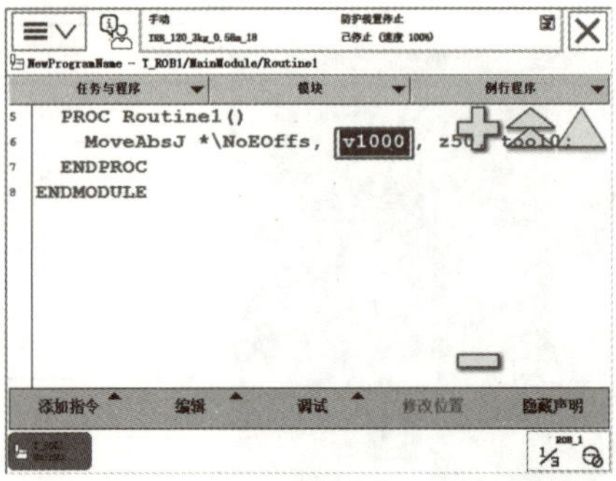

（5）点击右图所示按钮可以移动语句在当前界面的_____。

选中参数后（当前选中的参数为 fine 即转弯区数据），可在下方窗口中选择参数选项，然后点击"确定"，完成指令参数的设定。

注意：转弯区的数值越大，工业机器人的动作越_____，但是当要求精确到达目标点时，需选择 fine，即在目标点处停止。

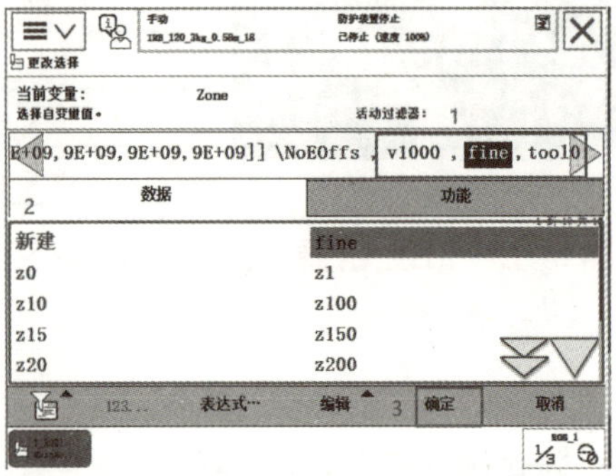

（6）完成指令的添加与设置后，先选择_____，然后点击"PP 移至例行程序"按钮。

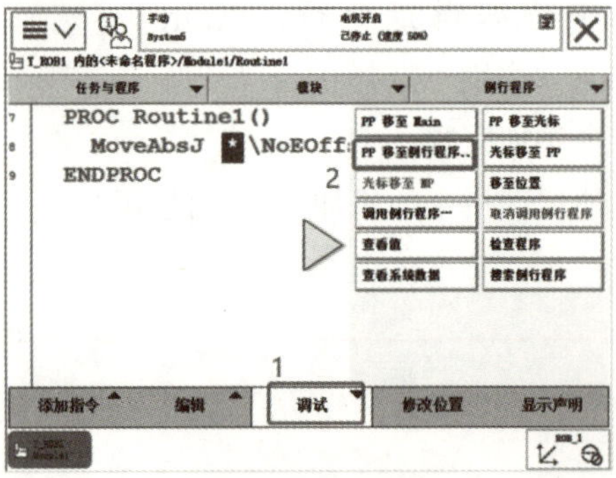

续表

（7）选中"Routine1"，点击"确定"，将程序指针移动至"_____"。

（8）如右图所示，程序指针移动至"Routine1"的第一个语句行。

调整工业机器人的运行速度后，运行程序，工业机器人的各关节轴将回至_____位置。

2. 圆形轨迹示教编程与手动调试

下面进行 MoveJ、MoveL、MoveC 和 Offs 位置偏移函数的添加与设置，实现轮毂打磨轨迹程序编写与示教。工业机器人的轨迹顺序是：先从 Home 安全点位沿非线性路径经过渡点 p10 运动到 p20 点正上方 30mm 处；然后线性运动到 p20 点；之后沿圆弧轨迹依次经过 p20、p30、p40、p50 点，再回到 p20 点，完成圆形轨迹的运行；最后依次经 p20 点正上方 30mm 处点位和 p10 点，返回至 Home 安全点位。案例中工业机器人末端安装打磨工具，其 TCP 在默认工具坐标 tool0 基础上沿 Z 轴偏移获得，实际位置如图 3-14、图 3-15 所示。

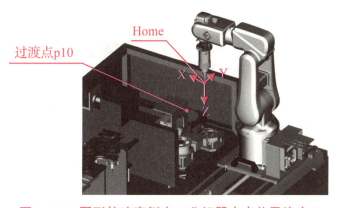

图 3-14 圆形轨迹案例中工业机器人点位及姿态 1

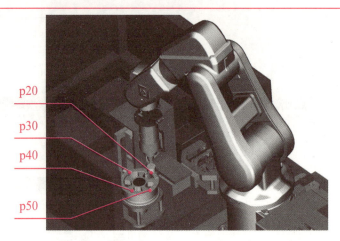

图 3-15　圆形轨迹案例中工业机器人点位及姿态 2

（1）新建_____，命名为"circle"，进入到程序编辑界面，如右图所示。

（2）操纵工业机器人运动至 Home 点，然后添加____指令。

将点位命名为"Home"，程序如右图所示，点击"_____"，记录 Home 点位置数据。

注释：指令参数可根据需求自行定义。

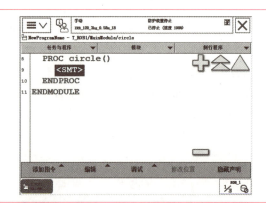

（3）操纵工业机器人____运动至 p10 点（注意保持位姿不变，工具坐标系的 Z 轴____向竖直向下），然后添加"MoveJ"指令，新建点 p10，修改指令参数。

最后点击"修改位置"按钮，记录 p10 点位置数据。

续表

(4) 操纵工业机器人____运动至 p20 点（注意保持位姿不变，工具坐标系的 Z 轴_____），然后添加"MoveJ"指令，新建点 p20，然后点击"功能"，选择 Offs 函数。

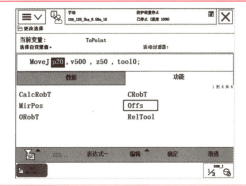

(5) 如右图所示界面中，第一个"EXP"选择"p20"，本案例需要在 p20 点上方 30mm 设置目标点，故 X、Y、Z 的值分别为（____，____，____）。

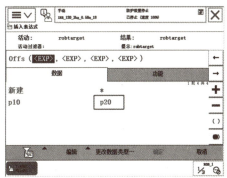

(6) 按照右图所示点击"编辑"，选择"_____"，点击键盘上对应数字，输入 X 的值并点击"确定"。

参照以上方法完成 Y、Z 值的设定。

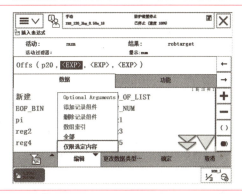

(7) 点击"添加指令"，选择"_____"。

目标点位名称设置为"p20"，参考右图所示完成指令参数的设置后点击"确定"按钮。

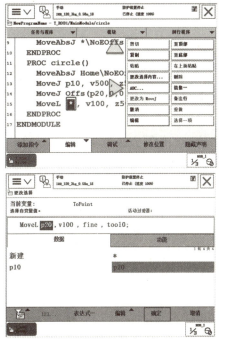

续表

（8）添加"MoveC"指令。

定义圆弧曲率和圆弧第二点、第三点，即 p30 和 p40。

操纵工业机器人＿＿＿运动至 p30 点（注意保持位姿不变，工具坐标系的 Z 轴正向竖直向＿＿＿），然后选中"p30"，点击"修改位置"记录该点位置数据。

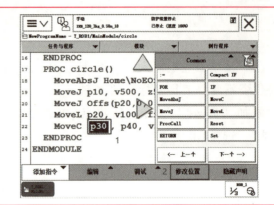

（9）按照图示选中"p40"，采用步骤（8）相同的方法，记录 p40 的位置数据，然后修改＿＿＿＿＿的参数，完成轮毂打磨轨迹的一个半圆圆弧的示教编程。

（10）按照右图所示点击"添加指令"，选择"MoveC"，完成完整圆轨迹的另一半圆弧；此时 p40 点作为此半圆圆弧段的＿＿＿＿＿。

参照步骤（8）~（9）的方法，完成第二段半圆弧的示教编程；第二段半圆弧三个点位名称分别为 p40、p50、p20，程序如右图所示。

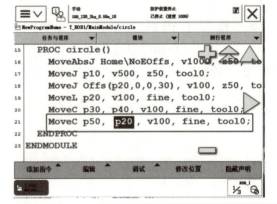

（11）现在需编写工业机器人依次经 p20 点正上方 30mm 处点位和 p10 点，返回至 Home 点的运动语句。

此段轨迹的编写方法有两种，可以通过常规添加指令的方法完成（参考前述方法），也可以通过对已有语句的编辑实现。

选择运动至 p20 点上方 30mm 处的语句，然后点击"编辑"，选择"复制"。

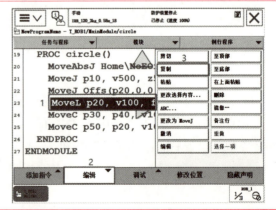

续表

（12）然后选择需要插入复制语句之前的语句，点击"编辑"，然后选择"_____"，完成语句添加。	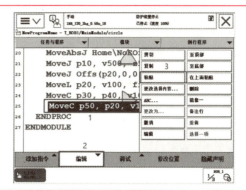
（13）参照步骤（11）、（12）方法完成右图所示语句的添加，使机器人回至_____。	
（14）完成示教编程后，进行程序的调试。点击"调试"，选择"_____"。	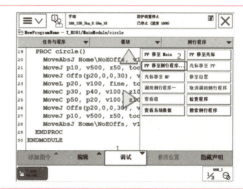
（15）选择例行程序"circle"，点击"确定"按钮，将程序指针移动至_____程序。	
（16）调整程序运行速度，然后先_____运行并调试程序，再连续运行程序，完成程序的调试。	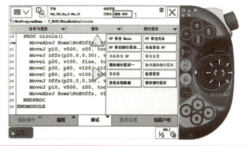

续表

任务评价

1. 任务评价表

评价项目	比例	配分	序号	评价要素	评分标准	自评	教师评价
6S职业素养	30%	30分	①	选用适合的工具实施任务，清理无须使用的工具	未执行扣6分		
			②	合理布置任务所需使用的工具，明确标识	未执行扣6分		
			③	清除工作场所内的脏污，发现设备异常立即记录并处理	未执行扣6分		
			④	规范操作，杜绝安全事故，确保任务实施质量	未执行扣6分		
			⑤	具有团队意识，小组成员分工协作，共同高质量完成任务	未执行扣6分		
工业机器人程序开发	70%	70分	①	能使用示教器建立程序模块和例行程序	未掌握扣15分		
			②	能进行工业机器人运动指令的添加、编辑修改和删除，设置运动指令中的运动速度、转弯数据、过渡位置、坐标系和目标位置等参数	未掌握扣15分		
			③	能够利用绝对位置运动指令示教编程，运行程序使各轴回零点	未掌握扣20分		
			④	能够完成简单轨迹的示教编程，如圆形轨迹示教编程与手动调试	未掌握扣20分		
	合计						

2. 活动过程评价表

评价指标	评价要素	分数	得分
信息检索	能有效利用网络资源、工作手册查找有效信息；能用自己的语言有条理地去解释、表述所学知识；能将查找到的信息有效转换到工作中	10	
感知工作	是否熟悉各自的工作岗位，认同工作价值；在工作中，是否获得满足感	10	
参与状态	与教师、同学之间是否相互尊重、理解、平等；与教师、同学之间是否能够保持多向、丰富、适宜的信息交流探究学习、自主学习不流于形式，处理好合作学习和状态独立思考的关系，做到有效学习；能提出有意义的问题或能发表个人见解；能按要求正确操作；能够倾听、协作分享	20	

续表

评价指标	评价要素	分数	得分
学习方法	工作计划、操作技能是否符合规范要求；是否获得了进一步发展的能力	10	
工作过程	遵守管理规程，操作过程符合现场管理要求；平时上课的出勤情况和每天完成工作任务情况；善于多角度思考问题，能主动发现、提出有价值的问题	15	
思维状态	是否能发现问题、提出问题、分析问题、解决问题	10	
自评反馈	按时按质完成工作任务；较好地掌握了专业知识点；具有较强的信息分析能力和理解能力；具有较为全面严谨的思维能力并能条理明晰表述成文	25	
总分		100	

任务 3.3　PLC 程序开发

本任务以西门子 1200PLC 为对象，从软件的安装、操作界面的认识、设备组态及程序编写几个方面进行讲解，使读者掌握 PLC 编程技能。

知识页——PLC 程序开发基础知识

1. PLC 软件操作界面知识

在进行工程文件的创建与组态前，先来认识软件操作界面。

1）视图

博途软件中项目可以有两种不同的视图，分别为 Portal 视图和项目视图。Portal 视图是一种面向任务的视图，项目视图中则可以显示项目中的所有组件的视图、相关的工作区和编辑器。视图之间可以通过链接实现切换。

（1）Portal 视图。

Portal 视图提供一种面向任务的视图工具，如图 3-16 所示。

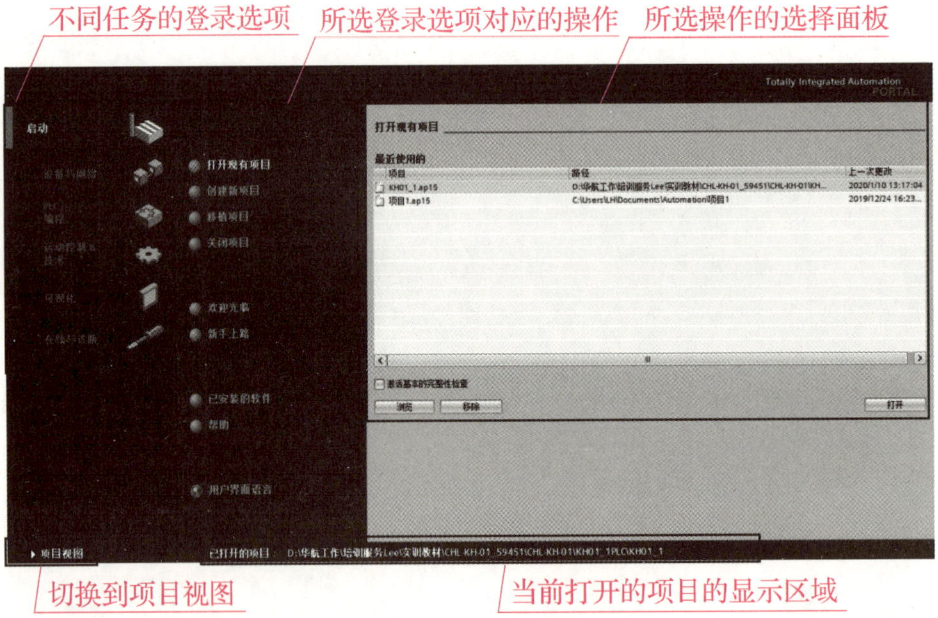

图 3-16　Portal 视图

（2）项目视图。

项目视图是一个包含所有项目组件的结构视图，项目视图的布局如图 3-17 所示。

2）项目树

项目视图中的项目树如图 3-18 所示，在此可以访问所有组件和项目数据，执行以下任务：添加新组件、编辑现有组件以及扫描和修改现有组件的属性。

图 3-17 项目视图

(1) 标题栏。

项目树的标题栏有一个按钮，可以自动和手动折叠项目树。手动折叠项目树时，此按钮将"缩小"到左边界，同时按钮会从指向左侧的箭头变为指向右侧的箭头，并可用于重新打开项目树。

(2) 工具栏。

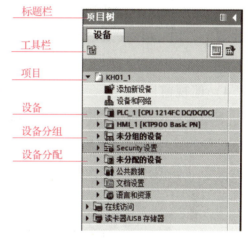

图 3-18 项目树

可以在项目树的工具栏中执行以下任务：点击图标 创建新的用户文件夹；点击图标 ，切换最大化、最小化概览视图。

(3) 项目。

项目中的每个设备都有一个单独的文件夹，该文件夹具有内部的项目名称。属于该设备的对象和操作都排列在此文件夹中。

(4) 取消设备分组。

项目中的所有分布式 I/O 设备都将包含在到"未分组设备"（Ungrouped devices）文件夹中。

(5) 取消设备分配。

在"未分配设备"（Unassigned devices）文件夹中，未分配给分布式 I/O 系统的分布式 I/O 设备将显示为一个链接。

(6) 公共数据。

此文件夹包含可跨多个设备使用的数据，例如公共消息类、日志和脚本。

(7) 文档设置。

在该文件夹中，可指定项目文档的打印布局。

(8) 语言和资源。

可在此文件夹中确定项目语言和文本。

(9) 在线访问。

该文件夹包含了 PG/PC 的所有接口，即使未用于与模块通信的接口也包括在其中。

(10) 读卡器/USB 存储器

该文件夹用于管理连接到 PG/PC 的所有读卡器和其他 USB 存储介质。

3) 工作区

博途软件中的工作区显示已经打开需进行编辑的对象，可以打开若干个对象，但通常只能显示一个打开对象，如图 3-19 所示。

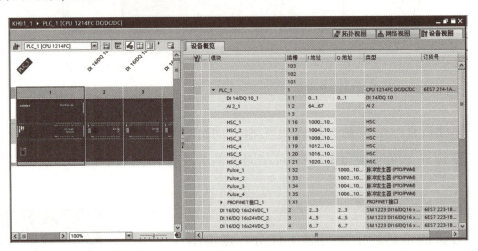

图 3-19　工作区

4) 巡视窗口

博途软件中巡视窗口包括属性、信息、诊断三个选项卡，如图 3-20 所示。属性，显示已经选择对象的属性，并可对属性进行编辑；信息，显示已选对象的附加信息，同样也可显示操作执行的报警（如编译时）；诊断，此选项卡显示了系统诊断事件的信息和已经配置的报警信息。

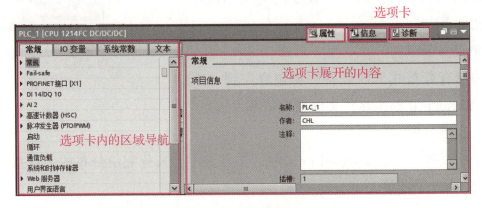

图 3-20　巡视窗口

5) 任务卡

根据所编辑对象或所选对象，通过任务卡可执行以下操作：从库中或者从硬件目录中选择对象、在项目中搜索和替换对象以及将预定义的对象拖入工作区，任务卡如图 3-21 所示。

6) 详细视图

博途软件详细视图将显示总览窗口或项目树中所选对象的特定内容。其中，可包含文本列表或变量，如图 3-22 所示。

（1）标题栏。

关闭详细视图的箭头位于详细视图的标题栏最左侧。窗口关闭后，箭头的方向将从向左变为向右。此时，可使用该箭头重新打开详细视图。

（2）选项卡。

详细视图中显示的选项卡与所选择的对象有关。选择一个设备、设备链接，或包含这类对象的某个文件夹时，将显示"模块"（Modules）选项卡；"IO 变量"中将显示所选设备和设备链接（"本地模块"文件夹或设备文件夹）的现有 IO 变量。除数据类型和地址之外，简单变量或者 PLC 数据类型的数据元素还会显示具体的名称。

（3）对象。

显示的内容取决于所选的对象。通过拖放操作，可将对象的内容从详细视图移动到指定位置处。

图 3-21　任务卡

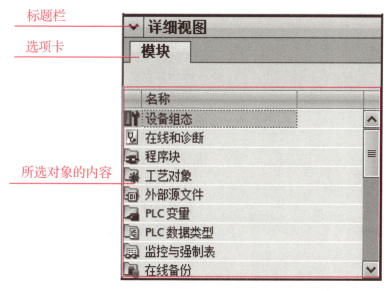

图 3-22　详细视图

2. PLC 案例程序开发知识

1）程序结构

在进行 PLC 编程的过程中，推荐使用结构化编程的概念。可将不同的程序化分为 FC1、FB1、FB2 等，然后在 OB1 中单次、多次、嵌套调用这些程序块，从而实现高效、简洁、易读性强的程序编程。

在进行编程时推荐采用如图 3-23 所示的方法进行程序的编写。

2）基本指令

西门子 PLC 在编程时常用的基本指令有位指令、定时器指令、计数器指令、比较指令、数学函数和字逻辑运算指令等。

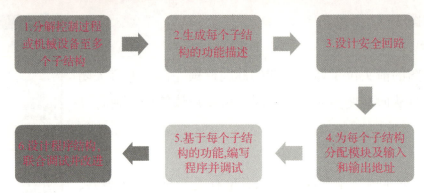

图 3-23　结构化编程流程示例

（1）位指令。

S7-1200 PLC 中常用的位指令具体如表 3-4 所示。

表 3-4　位指令

序号	指令符号	指令名称	指令功能
1	〈??.?〉 ─┤ ├─	常开触点	当操作数的信号状态为"1"时，常开触点将关闭。当操作数的信号状态为"0"时，不会激活常开触点。
2	〈??.?〉 ─┤/├─	常闭触点	当操作数的信号状态为"1"时，常闭触点将打开。当操作数的信号状态为"0"时，不会启用常闭触点。
3	─┤NOT├─	逻辑取反	使用指令，可对逻辑运算结果的信号状态进行取反。如果该指令输入的信号状态为"1"，则指令输出的信号状态为"0"。如果该指令输入的信号状态为"0"，则指令输出的信号状态为"1"。
4	〈??.?〉 ─( )─	线圈	可以使用"赋值"指令来置位指定操作数的位。如果线圈输入的逻辑运算结果的信号状态为"1"，则将指定的信号状态置位为"1"。如果线圈输入的信号状态为"0"，则指定的位将复位为"0"。
5	〈??.?〉 ─(/)─	赋值取反	使用"赋值取反"指令，可将逻辑运算的结果进行取反，然后将其赋值给指定操作数。线圈输入为"1"时，复位操作数。线圈输入为"0"时，操作数的信号状态置位为"1"。
6	〈??.?〉 ─(R)─	复位输出	可以使用"复位输出"指令将指定操作数的信号状态复位为"0"。
7	〈??.?〉 ─(S)─	置位输出	使用"置位输出"指令，可将指定操作数的信号状态置位为"1"。
8	〈??.?〉 ─(SET_BF)─ 〈???〉	置位位域	使用"置位位域"（Set bit field）指令，可对从某一特定地址开始的多个位进行置位。在该指令下方的操作数占位符中，指定〈操作数 1〉。在该指令上方的操作数占位符中，指定〈操作数 2〉。

续表

序号	指令符号	指令名称	指令功能
9	〈??.?〉 —(RESET_BF)— 〈???〉	复位位域	使用"复位位域"（Reset bit field）指令，可对从某个特定地址开始的多个位进行复位。 在该指令下方的操作数占位符中，指定<操作数 1>。在该指令上方的操作数占位符中，指定 <操作数 2>。
10	SR： 〈??.?〉 SR S Q R1	置位/复位 触发器	可以使用"置位复位触发器"指令，根据输入 S 和 R1 的信号状态，置位或复位指定操作数的位。如果输入 S 的信号状态为"1"，且输入 R1 的信号状态为"0"，则将指定的操作数置位为"1"。如果输入 S 的信号状态为"0"，且输入 R1 的信号状态为"1"，则将指定的操作数复位为"0"。
11	RS： 〈??.?〉 RS R Q S1	复位/置位 触发器	可以使用"复位置位触发器"指令，根据输入 R 和 S1 的信号状态，复位或置位指定操作数的位。如果输入 R 的信号状态为"1"，且输入 S1 的信号状态为"0"，则指定的操作数将复位为"0"。如果输入 R 的信号状态为"0"，且输入 S1 的信号状态为"1"，则将指定的操作数置位为"1"。 输入 S1 的优先级高于输入 R。当输入 R 和 S1 的信号状态均为"1"时，将指定操作数的信号状态置位为"1"。 如果两个输入 R 和 S1 的信号状态都为"0"，则不会执行该指令。因此操作数的信号状态保持不变。 操作数的当前信号状态被传送到输出 Q，并可在此进行查询。
12	〈??.?〉 —|P|— 〈??.?〉	扫描操作数的 信号上升沿	使用"扫描操作数的信号上升沿"指令，可以确定指定信号状态是否从"0"变为"1"。该指令将比较当前信号状态与上一次扫描的信号状态，上一次扫描的信号状态保存在边沿存储位中。如果该指令检测到逻辑运算结果从"0"变为"1"，则说明出现了一个上升沿。 在该指令上方的操作数占位符中，指定要查询的操作数（<操作数 1>）。在该指令下方的操作数占位符中，指定边沿存储位（<操作数 2>）。
13	〈??.?〉 —|P|— 〈??.?〉	扫描操作数的 信号下降沿	使用"扫描操作数的信号下降沿"指令，可以确定指定信号状态是否从"1"变为"0"。该指令将比较当前信号状态与上一次扫描的信号状态，上一次扫描的信号状态保存在边沿存储位中。如果该指令检测到逻辑运算结果从"1"变为"0"，则说明出现了一个下降沿。 在该指令上方的操作数占位符中，指定要查询的操作数（<操作数 1>）。在该指令下方的操作数占位符中，指定边沿存储位（<操作数 2>）。

续表

序号	指令符号	指令名称	指令功能
14	〈??.?〉 —(P)— 〈??.?〉	在信号上升沿置位操作数	可以使用"在信号上升沿置位操作数"指令在逻辑运算结果从"0"变为"1"时,置位指定信号。 在该指令上方的操作数占位符中,指定要查询的操作数（<操作数 1>）。在该指令下方的操作数占位符中,指定边沿存储位（<操作数 2>）。
15	〈??.?〉 —(N)— 〈??.?〉	在信号下降沿置位操作数	可以使用"在信号下降沿置位操作数"指令在逻辑运算结果从"1"变为"0"时,置位指定操作数。该指令将当前保存在边沿存储位中与上次查询的信号值进行比较。如果该指令检测到从"1"变为"0",则说明出现了一个信号下降沿。 在该指令上方的操作数占位符中,指定要查询的操作数（<操作数 1>）。在该指令下方的操作数占位符中,指定边沿存储位（<操作数 2>）。
16	P_TRIG ┌─────────┐ │ P_TRIG │ ┤CLK Q├ └─────────┘ 〈??.?〉	扫描信号上升沿	使用"扫描的信号上升沿"指令,可查询逻辑运算结果（RLO）的信号状态从"0"到"1"的更改。该指令将比较 RLO 的当前信号状态与保存在边沿存储位（<操作数>）中上一次查询的信号状态。如果该指令检测到 RLO 从"0"变为"1",则说明出现了一个信号上升沿。
17	┌─────────┐ │ N_TRIG │ ┤CLK Q├ └─────────┘ 〈??.?〉	扫描信号下降沿	使用"扫描的信号下降沿"指令,可查询逻辑运算结果（RLO）的信号状态从"1"到"0"的更改。该指令将比较 RLO 的当前信号状态与保存在边沿存储位（<操作数>）中上一次查询的信号状态。如果该指令检测到 RLO 从"1"变为"0",则说明出现了一个信号下降沿。
18	┌─────────┐ │ R_TRIG │ ┤EN ENQ├ false─┤CLK Q├ ... └─────────┘	检测信号上升沿	使用"检测信号上升沿"指令,可以检测输入 CLK 的从"0"到"1"的状态变化。该指令将输入 CLK 的当前值与保存在指定实例中的上次查询（边沿存储位）的状态进行比较。如果该指令检测到输入 CLK 的状态从"0"变成了"1",就会在输出 Q 中生成一个信号上升沿,输出的值将在一个循环周期内为 TRUE 或"1"。
19	┌─────────┐ │ F_TRIG │ ┤EN ENQ├ false─┤CLK Q├ ... └─────────┘	检测信号下降沿	使用"检测信号下降沿"指令,可以检测输入 CLK 的从"1"到"0"的状态变化。该指令将输入 CLK 的当前值与保存在指定实例中的上次查询（边沿存储位）的状态进行比较。如果该指令检测到输入 CLK 的状态从"1"变成了"0",就会在输出 Q 中生成一个信号下降沿,输出的值将在一个循环周期内为 TRUE 或"1"。

(2)定时器指令。

S7-1200 的定时器为 IEC 定时器,用户程序中可以使用的定时器数量仅受 CPU 的存储器容量限制。

S7-1200 的定时器指令有:生成脉冲定时器(TP)、接通延时定时器(TON)、关断延时定时器(TOF)、时间累加器(TONR)、复位定时器(RT)和加载持续时间(PT)等,指令详细介绍如表 3-5 所示。

表 3-5 定时器指令

序号	指令符号	指令功能
1	TP Time IN Q 〈???〉—PT ET— …	生成脉冲。使用"生成脉冲"(Generate pulse)指令,可以将输出 Q 置位为预设的一段时间。当输入 IN 的逻辑运算结果(RLO)从"0"变为"1"(信号上升沿)时,启动该指令。指令启动时,预设的时间 PT 即开始计时。无论后续输入信号的状态如何变化,都将输出 Q 置位由 PT 指定的一段时间。PT 持续时间正在计时时,即使检测到新的信号上升沿,输出 Q 的信号状态也不会受到影响。 可以扫描 ET 输出处的当前时间值。该定时器值从 T#0s 开始,在达到持续时间值 PT 后结束。如果 PT 时间用完且输入 IN 的信号状态为"0",则复位 ET 输出。 每次调用"生成脉冲"指令,都会为其分配一个 IEC 定时器用于存储指令数据。
2	TON Time IN Q 〈???〉—PT ET— …	生成接通延时。可以使用"生成接通延时"(Generate on-delay)指令将 Q 输出的设置延时设定的时间 PT。当输入 IN 的逻辑运算结果(RLO)从"0"变为"1"(信号上升沿)时,启动该指令。指令启动时,预设的时间 PT 即开始计时。超出时间 PT 之后,输出 Q 的信号状态将变为"1"。只要启动输入仍为"1",输出 Q 就保持置位。启动输入的信号状态从"1"变为"0"时,将复位输出 Q。在启动输入检测到新的信号上升沿时,该定时器功能将再次启动。 可以在 ET 输出查询当前的时间值。该定时器值从 T#0s 开始,在达到持续时间值 PT 后结束。只要输入 IN 的信号状态变为"0",输出 ET 就复位。 每次调用"接通延时"指令,必须将其分配给存储指令数据的 IEC 定时器。

续表

序号	指令符号	指令功能
3	TOF Time IN Q 〈???〉— PT ET —…	生成关断延时。可以使用"生成关断延时"（Generate off-delay）指令将 Q 输出的复位延时设定的时间 PT。当输入 IN 的逻辑运算结果（RLO）从"0"变为"1"（信号上升沿）时，将置位 Q 输出。当输入 IN 处的信号状态变回"0"时，预设的时间 PT 开始计时。只要 PT 持续时间仍在计时，输出 Q 就保持置位。持续时间 PT 计时结束后，将复位输出 Q。如果输入 IN 的信号状态在持续时间 PT 计时结束之前变为"1"，则复位定时器。输出 Q 的信号状态仍将为"1"。 可以在 ET 输出查询当前的时间值。该定时器值从 T#0s 开始，在达到持续时间值 PT 后结束。当持续时间 PT 计时结束后，在输入 IN 变回"1"之前，输出 ET 会保持被设置为当前值的状态。在持续时间 PT 计时结束之前，如果输入 IN 的信号状态变为"1"，则将 ET 输出复位为值 T#0s。 每次调用"关断延时"指令，必须将其分配给存储指令数据的 IEC 定时器。
4	TONR Time IN Q …— R ET —… 〈???〉— PT	时间累加器。可以使用"时间累加器"指令来累加由参数 PT 设定的时间段内的时间值。输入 IN 的信号状态从"0"变为"1"（信号上升沿）时，将执行该指令，同时时间值 PT 开始计时。当 PT 正在计时时，加上在 IN 输入的信号状态为"1"时记录的时间值。累加得到的时间值将写入到输出 ET 中，并可以在此进行查询。持续时间 PT 计时结束后，输出 Q 的信号状态为"1"。即使 IN 参数的信号状态从"1"变为"0"（信号下降沿），Q 参数仍将保持置位为"1"。 无论启动输入的信号状态如何，输入 R 都将复位输出 ET 和 Q。 每次调用"时间累加器"指令，必须为其分配一个用于存储指令数据的 IEC 定时器。
5	〈???〉 —(TP Time)— 〈???〉	启动脉冲定时器。使用"启动脉冲定时器"指令启动将指定周期作为脉冲的 IEC 定时器。逻辑运算结果从"0"变为"1"（信号上升沿）时，启动 IEC 定时器。无论 RLO 的后续变化如何，IEC 定时器都将运行指定的一段时间。检测到新的信号上升沿也不会影响该 IEC 定时器的运行。只要 IEC 定时器正在计时，对定时器状态是否为"1"的查询就会返回信号状态"1"。当 IEC 定时器计时结束之后，定时器的状态将返回信号状态"0"。 当信号状态为"0"时，不会激活常开触点，同时该指令输出的信号状态复位为"0"。 在指令下方的<操作数 1>（持续时间）中指定脉冲的持续时间，在指令上方的<操作数 2>（IEC 时间）中指定将要开始的 IEC 时间。

续表

序号	指令符号	指令功能
6	〈???〉 —(TON Time)— 〈???〉	启动接通延时定时器。使用"启动接通延时定时器"指令启动将指定周期作为接通延时的 IEC 定时器。逻辑运算结果从"0"变为"1"（信号上升沿）时，启动 IEC 定时器。IEC 定时器运行一段指定的时间。如果该指令输入处的信号状态为"1"，则输出的信号状态将为"1"。如果在定时器计时结束之前变为"0"，则复位 IEC 定时器。此时，查询状态为"1"的定时器将返回信号状态"0"。在该指令的输入处检测到下个信号上升沿时，将重新启动 IEC 定时器。 在指令下方的<操作数 1>（持续时间）中指定接通延时的持续时间，在指令上方的 <操作数 2>（IEC 时间）中指定将要开始的 IEC 时间。
7	〈???〉 —(TOF Time)— 〈???〉	启动关断延时定时器。使用"启动关断延时定时器"指令启动将指定周期作为接通延时的 IEC 定时器。如果指令输入逻辑运算结果的信号状态为"1"，则定时器的查询状态为"0"将返回信号状态"1"。当信号下降沿时，启动 IEC 定时器一段指定的时间。只要 IEC 定时器正在计时，则定时器状态的信号状态将保持为"1"。定时器计时结束且指令输入的信号状态为"0"时，将定时器状态的信号状态设置为"0"。如果在计时结束之前变为"1"，则将复位 IEC 定时器同时定时器状态保持为信号状态"1"。 在指令下方的<操作数 1>（持续时间）中指定关断延时的持续时间，在指令上方的 <操作数 2>（IEC 时间）中指定将要开始的 IEC 时间。
8	〈???〉 —(TONR Time)— 〈???〉	时间累加器。可以使用"时间累加器"指令记录指令"1"输入的信号长度。当逻辑运算结果从"0"变为"1"（信号上升沿）时，启动该指令。只要 RLO 为"1"，就记录执行时间。如果 RLO 变为"0"，则指令暂停。如果 RLO 更改回"1"，则继续记录运行时间。如果记录的时间超出了所指定的持续时间，并且线圈输入的 RLO 为"1"，则定时器状态"1"的查询将返回信号状态"1"。 使用"复位定时器"指令，可将定时器状态和当前到期的定时器复位为"0"。 在指令下方的<操作数 1>（持续时间）中指定持续时间，在指令上方的<操作数 2>（IEC 时间）中指定将要开始的 IEC 时间。
9	〈???〉 —[RT]	复位定时器。使用"复位定时器"指令，可将 IEC 定时器复位为"0"。仅当线圈输入的逻辑运算结果为"1"时，才执行该指令。如果电流流向线圈（RLO 为"1"），则指定数据块中的定时器结构组件将复位为"0"。如果该指令输入的 RLO 为"0"，则该定时器保持不变。

续表

序号	指令符号	指令功能
10	⟨???⟩ —(PT)— ⟨???⟩	加载持续时间。可以使用"加载持续时间"指令为 IEC 定时器设置时间。如果该指令输入逻辑运算结果（RLO）的信号状态为"1"，则每个周期都执行该指令。该指令将指定时间写入指定 IEC 定时器的结构中。 在指令下方的<操作数 1>（持续时间）中指定加载的持续时间，在指令上方的<操作数 2>（IEC 时间）中指定将要开始的 IEC 时间。

（3）计数器指令。

S7-1200CPU 中的计数器指令以 FB 的形式出现，在用户使用计数器时，需要为其指定用于存储计数器的数据块。

S7-1200 的计数器包含 3 种：加计数器（CTU）、减计数器（CTD）、加减计数器（CTUD），具体说明如表 3-6 所示。

表 3-6　S7-1200 计数器介绍

序号	指令符号	指令功能
1	CTU ┌─CTU──┐ │ INT │ ─┤CU Q├─ ─┤R CV├─ ─┤PV │ └───────┘	加计数器。 可以使用"加计数"指令，递增输出 CV 的值。如果输入 CU 的信号状态从"0"变为"1"（信号上升沿），则执行该指令，同时输出 CV 的当前计数器值加 1。每检测到一个信号上升沿，计数器值就会递增 1，直到达到输出 CV 中所指定数据类型的上限。达到上限时，输入 CU 的信号状态将不再影响该指令。 可以查询 Q 输出中的计数器状态。输出 Q 的信号状态由参数 PV 决定。如果当前计数器值大于或等于参数 PV 的值，则将输出 Q 的信号状态置位为"1"。在其他任何情况下，输出 Q 的信号状态均为"0"。 输入 R 的信号状态变为"1"时，输出 CV 的值被复位为"0"。只要输入 R 的信号状态仍为"1"，输入 CU 的信号状态就不会影响该指令。
2	CTD ┌─CTD──┐ │ INT │ ─┤CD Q├─ ─┤LD CV├─ ─┤PV │ └───────┘	减计数器。 可以使用"减计数"指令，递减输出 CV 的值。如果输入 CD 的信号状态从"0"变为"1"（信号上升沿），则执行该指令，同时输出 CV 的当前计数器值减 1。每检测到一个信号上升沿，计数器值就会递减 1，直到达到指定数据类型的下限。达到下限时，输入 CD 的信号状态将不再影响该指令。 可以查询 Q 输出中的计数器状态。如果当前计数器值小于或等于"0"，则 Q 输出的信号状态将置位为"1"。在其他任何情况下，输出 Q 的信号状态均为"0"。 输入 LD 的信号状态变为"1"时，将输出 CV 的值设置为参数 PV 的值。只要输入 LD 的信号状态仍为"1"，输入 CD 的信号状态就不会影响该指令。

续表

序号	指令符号	指令功能
3	CTUD CTUD INT — CU QU — — CD QD — — R CV — — LD — PV	加减计数器。 　　可以使用"加减计数"指令，递增和递减输出 CV 的计数器值。如果输入 CU 的信号状态从"0"变为"1"（信号上升沿），则当前计数器值加 1 并存储在输出 CV 中。如果输入 CD 的信号状态从"0"变为"1"（信号上升沿），则输出 CV 的计数器值减 1。如果在一个程序周期内，输入 CU 和 CD 都出现信号上升沿，则输出 CV 的当前计数器值保持不变。 　　计数器值可以一直递增，直到其达到输出 CV 处指定数据类型的上限。达到上限后，即使出现信号上升沿，计数器值也不再递增。达到指定数据类型的下限后，计数器值便不再递减。 　　输入 LD 的信号状态变为"1"时，将输出 CV 的计数器值置位为参数 PV 的值。只要输入 LD 的信号状态仍为"1"，输入 CU 和 CD 的信号状态就不会影响该指令。 　　当输入 R 的信号状态变为"1"时，将计数器值置位为"0"。只要输入 R 的信号状态仍为"1"，输入 CU、CD 和 LD 信号状态的改变就不会影响"加减计数"指令。 　　可以在 QU 输出中查询加计数器的状态。如果当前计数器值大于或等于参数 PV 的值，则将输出 QU 的信号状态置位为"1"。在其他任何情况下，输出 QU 的信号状态均为"0"。 　　可以在 QD 输出中查询减计数器的状态。如果当前计数器值小于或等于"0"，则 QD 输出的信号状态将置位为"1"。在其他任何情况下，输出 QD 的信号状态均为"0"。

（4）比较指令。

S7-1200 PLC 比较指令常用的指令包括等于、不等于、大于或等于、小于或等于、大于、小于、值在范围内、值超出范围，常用比较指令的具体说明如表 3-7 所示。

表 3-7　比较指令

序号	指令符号	指令功能
1	== 〈???〉 —┤ == ├— 　 ??? 〈???〉	等于。在指令上方的操作数占位符中指定第一个比较值（<操作数 1>）。在指令下方的操作数占位符中指定第二个比较值（<操作数 2>）。 　　可以使用"等于"指令判断第一个比较值（<操作数 1>）是否等于第二个比较值（<操作数 2>）。 　　如果满足比较条件，则指令返回逻辑运算结果（RLO）"1"。如果不满足比较条件，则指令返回 RLO "0"。

续表

序号	指令符号	指令功能
2	<> 〈???〉 ―┤<> ???├― 〈???〉	不等于。在指令上方的操作数占位符中指定第一个比较值（<操作数 1>）。在指令下方的操作数占位符中指定第二个比较值（<操作数 2>）。 使用"不等于"指令判断第一个比较值（<操作数 1>）是否不等于第二个比较值（<操作数 2>）。 如果满足比较条件，则指令返回逻辑运算结果（RLO）"1"。如果不满足比较条件，则指令返回 RLO "0"。
3	>= 〈???〉 ―┤>= ???├― 〈???〉	大于或等于。在指令上方的操作数占位符中指定第一个比较值（<操作数 1>）。在指令下方的操作数占位符中指定第二个比较值（<操作数 2>）。 可以使用"大于或等于"指令判断第一个比较值（<操作数 1>）是否大于或等于第二个比较值（<操作数 2>）。要比较的两个值必须为相同的数据类型。 如果满足比较条件，则指令返回逻辑运算结果（RLO）"1"。如果不满足比较条件，则指令返回 RLO "0"。
4	<= 〈???〉 ―┤<= ???├― 〈???〉	小于或等于。在指令上方的操作数占位符中指定第一个比较值（<操作数 1>）。在指令下方的操作数占位符中指定第二个比较值（<操作数 2>）。 可以使用"小于或等于"指令判断第一个比较值（<操作数 1>）是否小于或等于第二个比较值（<操作数 2>）。要比较的两个值必须为相同的数据类型。 如果满足比较条件，则指令返回逻辑运算结果（RLO）"1"。如果不满足比较条件，则指令返回 RLO "0"。
5	> 〈???〉 ―┤> ???├― 〈???〉	大于。在指令上方的操作数占位符中指定第一个比较值（<操作数 1>）。在指令下方的操作数占位符中指定第二个比较值（<操作数 2>）。 可以使用"大于"指令确定第一个比较值（<操作数 1>）是否大于第二个比较值（<操作数 2>）。要比较的两个值必须为相同的数据类型。 如果满足比较条件，则指令返回逻辑运算结果（RLO）"1"。如果不满足比较条件，则指令返回 RLO "0"。
6	< 〈???〉 ―┤< ???├― 〈???〉	小于。在指令上方的操作数占位符中指定第一个比较值（<操作数 1>）。在指令下方的操作数占位符中指定第二个比较值（<操作数 2>）。 可以使用"小于"指令判断第一个比较值（<操作数 1>）是否小于第二个比较值（<操作数 2>）。要比较的两个值必须为相同的数据类型。 如果满足比较条件，则指令返回逻辑运算结果（RLO）"1"。如果不满足比较条件，则指令返回 RLO "0"。
7	IN_RANGE ┌─────────┐ │ IN_RANGE │ │ ??? │ ┤MIN │ ┤VAL │ ┤MAX │ └─────────┘	值在范围内。 可以使用"值在范围内"指令查询输入 VAL 的值是否在指定的取值范围内。使用输入 MIN 和 MAX 可以指定取值范围的限值。"值在范围内"指令将输入 VAL 的值与输入 MIN 和 MAX 的值进行比较，并将结果发送到功能框输出中。 如果输入 VAL 的值满足 MIN<=VAL 或 VAL<=MAX 比较条件，则功能框输出的信号状态为"1"。如果不满足比较条件，则功能框输出的信号状态为"0"。

序号	指令符号	指令功能
8	OUT_RANGE OUT_RANGE ??? — MIN — VAL — MAX	值超出范围。 可以使用"值超出范围"指令查询输入 VAL 的值是否超出指定的取值范围。 使用输入 MIN 和 MAX 可以指定取值范围的限值。"值超出范围"指令将输入 VAL 的值与输入 MIN 和 MAX 的值进行比较，并将结果发送到功能框输出中。如果输入 VAL 的值满足 MIN>VAL 或 VAL>MAX 比较条件，则功能框输出的信号状态为"1"。如果指定的 REAL 数据类型的操作数具有无效值，则功能框输出的信号状态也为"1"。 如果输入 VAL 的值不满足 MIN>VAL 或 VAL>MAX 的条件，则功能框输出返回信号状态"0"。

（5）数学函数。

S7-1200 PLC 数学函数常用的指令大致可分为简单运算、特殊运算和三角函数三种。

①简单运算：加法 ADD、减法 SUB、乘法 MUL、除法 DIV、取余数 MOD、取反 NEG、递增 INC、递减 DEC、绝对值 ABS。

②特殊运算：获取最小值 MIN、获取最大值 MAX、设置限值 LIMIT、计算平方 SQR、计算平方根 SQRT、计算自然对数 LN、计算指数值 EXP、返回小数 FRAC、取幂 EXPT。

③三角函数：计算正弦值 SIN、计算余弦值 COS、计算正切值 TAN、计算反正弦值 ASIN、计算反余弦值 ACOS、计算反正切值 ATAN。

常用简单运算的指令说明如表 3-8 所示。

表 3-8 数学函数简单运算指令

序号	指令符号	指令功能
1	ADD Auto(???) EN ENO IN1 OUT IN2	加。使用"加"指令，将输入 IN1 的值与输入 IN2 的值相加，并在输出 OUT（OUT：=IN1+IN2）处查询总和。 在初始状态下，指令框中至少包含两个输入（IN1 和 IN2）。可以扩展输入数目。在功能框中按升序对插入的输入编号。执行该指令时，将所有可用输入参数的值相加。求得的和存储在输出 OUT 中。
2	SUB Auto(???) EN ENO IN1 OUT IN2	减。使用"减"指令，将输入 IN2 的值从输入 IN1 的值中减去，并在输出 OUT（OUT：=IN1-IN2）处查询差值。 如果满足下列条件之一，则使能输出 ENO 的信号状态为"0"： 输入 EN 的信号状态为"0"。 指令结果超出输出 OUT 指定的数据类型的允许范围。 浮点数的值无效。

续表

序号	指令符号	指令功能
3	MUL Auto(???) EN ENO IN1 OUT IN2	乘。使用"乘"指令，将输入 IN1 的值与输入 IN2 的值相乘，如果满足下列条件之一，则使能输出 ENO 的信号状态为"0"： 输入 EN 的信号状态为"0"。 指令结果超出输出 OUT 指定的数据类型的允许范围。 浮点数的值无效。并在输出 OUT（OUT：=IN1∗IN2）处查询乘积。
4	DIV Auto(???) EN ENO IN1 OUT IN2	除。可以使用"除"指令，将输入 IN1 的值除以输入 IN2 的值，并在输出 OUT（OUT：=IN1/IN2）处查询商值。 如果满足下列条件之一，则使能输出 ENO 的信号状态为"0"： 输入 EN 的信号状态为"0"。 指令结果超出输出 OUT 指定的数据类型的允许范围。 浮点数的值无效。
5	MOD Auto(???) EN ENO IN1 OUT IN2	返回除法的余数。以使用"返回除法的余数"指令，将输入 IN1 的值除以输入 IN2 的值，并通过输出 OUT 查询余数。
6	NEG ??? EN ENO IN OUT	取反。可以使用"取反"指令更改输入 IN 中值的符号，并在输出 OUT 中查询结果。例如，如果输入 IN 为正值，则该值的负等效值将发送到输出 OUT。 如果满足下列条件之一，则使能输出 ENO 的信号状态为"0"： 输入 EN 的信号状态为"0"。 指令结果超出输出 OUT 指定的数据类型的允许范围。 浮点数的值无效。
7	INC ??? EN ENO IN/OUT	递增。可以使用"递增"指令将参数 IN/OUT 中操作数的值为更改下一个更大的值，并查询结果。只有使能输入 EN 的信号状态为"1"时，才执行"递增"指令。如果在执行期间未发生溢出错误，则使能输出 ENO 的信号状态也为"1"。 如果满足下列条件之一，则使能输出 ENO 的信号状态为"0"： 输入 EN 的信号状态为"0"。 浮点数的值无效。
8	DEC ??? EN ENO IN/OUT	递减。可以使用"递减"指令将参数 IN/OUT 中操作数的值为更改下一个更小的值，并查询结果。只有使能输入 EN 的信号状态为"1"时，才执行"递减"指令。如果在执行期间未超出所选数据类型的值范围，则输出 ENO 的信号状态也为"1"。 如果满足下列条件之一，则使能输出 ENO 的信号状态为"0"： 输入 EN 的信号状态为"0"。 浮点数的值无效。

（6）字逻辑运算指令。

常用逻辑运算指令说明如表 3-9 所示。

表3-9 逻辑运算指令

序号	指令符号	指令功能
1	AND AND ??? EN ENO IN1 OUT IN2	"与"运算：使用"与"运算指令将输入 IN1 的值和输入 IN2 的值按位进行"与"运算，并在输出 OUT 中查询结果。 只有该逻辑运算中的两个位的信号状态均为"1"时，结果位的信号状态才为"1"。如果该逻辑运算的两个位中有一个位的信号状态为"0"，则对应的结果位将复位。
2	OR OR ??? EN ENO IN1 OUT IN2	"或"运算：使用"或"运算指令将输入 IN1 的值和输入 IN2 的值按位进行"或"运算，并在输出 OUT 中查询结果。 只要该逻辑运算中的两个位中至少有一个位的信号状态为"1"，结果位的信号状态就为"1"。如果该逻辑运算的两个位的信号状态均为"0"，则对应的结果位将复位。
3	XOR XOR ??? EN ENO IN1 OUT IN2	"异或"运算：使用"异或"运算指令将输入 IN1 的值和输入 IN2 的值按位进行"异或"运算，并在输出 OUT 中查询结果。 当该逻辑运算中的两个位中有一个位的信号状态为"1"时，结果位的信号状态为"1"。如果该逻辑运算的两个位的信号状态均为"1"或"0"，则对应的结果位将复位。
4	INVERT INV ??? EN ENO IN OUT	求反码：可以使用"求反码"指令对输入 IN 的各个位的信号状态取反。 在处理该指令时，输入 IN 的值与一个十六进制掩码（表示 16 位数的 W#16#FFFF 或表示 32 位数的 DW#16#FFFF FFFF）进行"异或"运算。这会将各个位的信号状态取反，并且结果存储在输出 OUT 中。
5	DECO DECO UInt to ??? EN ENO IN OUT	解码："解码"指令读取输入 IN 的值，并将输出值中位号与读取值对应的那个位置位。输出值中的其他位以零填充。当输入 IN 的值大于 31 时，将执行以 32 为模的指令。
6	ENCO ENCO ??? EN ENO IN OUT	编码：指令选择输入 IN 值的最低有效位，并将该位号写入到输出 OUT 的变量中。
7	SEL SEL ??? EN ENO G OUT IN0 IN1	选择："选择"指令根据开关（输入 G）的情况，选择输入 IN0 或 IN1 中的一个，并将其内容复制到输出 OUT。如果输入 G 的信号状态为"0"，则移动输入 IN0 的值。如果输入 G 的信号状态为"1"，则将输入 IN1 的值移动到输出 OUT 中。

知识测试

一、填空题

1. 博途软件中项目可以有两种不同的视图，分别为_____和_____。
2. 博途软件中巡视窗口包括_____、_____和_____三个选项卡。
3. S7-1200 PLC 数学函数常用的指令大致可分为_____、_____和_____三种。

二、判断题

1. 博途软件中，项目视图中可以显示项目中的所有组件的视图、相关的工作区和编辑器。（　　）

2. 博途软件中的工作区显示已经打开需进行编辑的对象，通常可以打开并同步显示多个对象。（　　）

3. 使用复位、置位触发器指令，可以确定指定信号状态是否从"0"变为"1"。（　　）

任务页——PLC 程序开发

工作任务	PLC 程序开发	教学模式	理实一体
建议学时	参考学时共 10 学时，其中相关知识学习 6 课时；学员练习 4 课时	需设备、器材	工业机器人集成应用设备、博途软件
任务描述	掌握软件的安装、操作界面的认识、设备组态及程序编写		
职业技能	3.4.1　能安装 PLC 编程软件。 3.4.2　能使用 PLC 编程软件完成工程创建、硬件组态、变量建立等基本工作。 3.4.3　能使用 PLC 基本指令完成顺序逻辑控制程序编写并下载		

3.3.1　PLC 软件安装

任务实施

博途软件的安装方法和步骤如下。

（1）双击"＿＿＿＿"应用程序，随后将弹出右图所示正在初始化的画面，等待初始化完成。

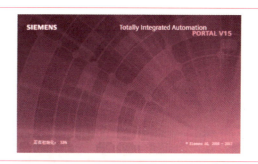

（2）选择＿＿＿＿，此处选择"＿＿＿＿"，然后单击"下一步"。

同时，在此界面也可以读取博途软件安装和使用方面的信息。

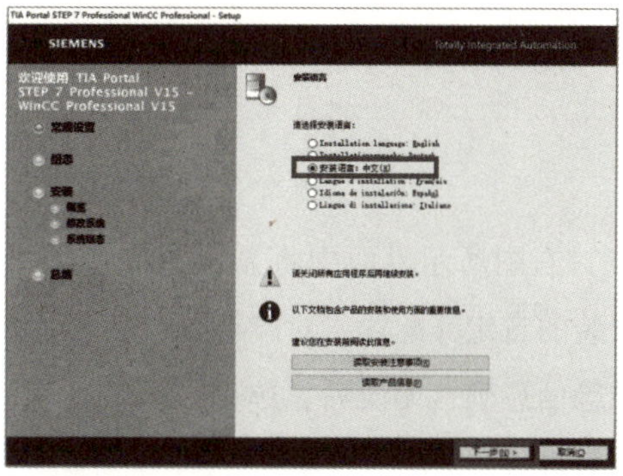

（3）确认产品语言，然后单击"下一步"。

续表

（4）在右图所示界面中，用户可根据需求选择安装产品的配置，设置是否创建_____以及软件安装目录。 完成设置后，单击"下一步"。	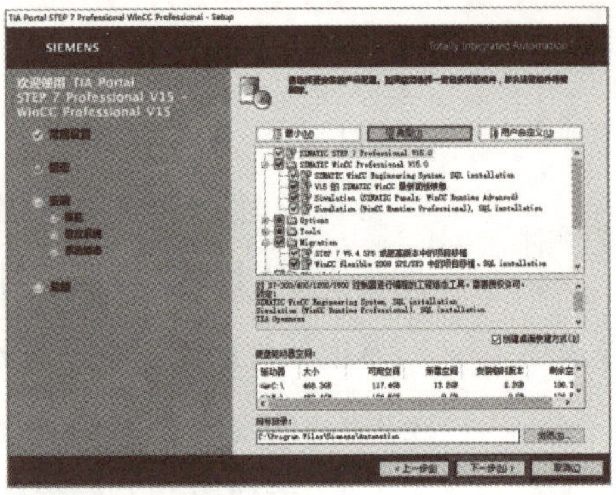
（5）勾选已接受条款，然后单击"_____"。	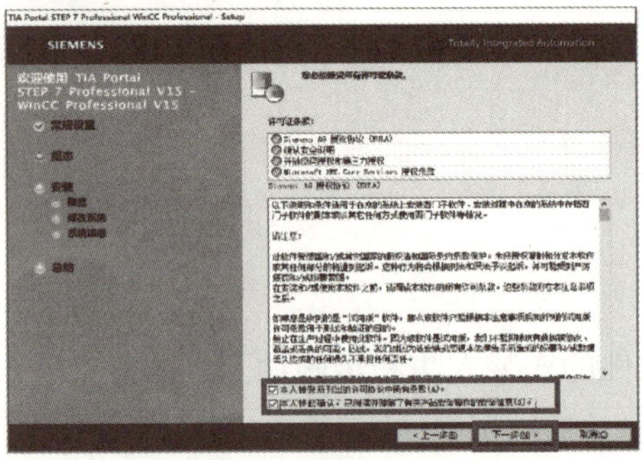
（6）勾选_____接受安全和权限设置，然后单击"下一步"。	
（7）右图所示界面中将显示前序步骤中对博途软件安装的自定义配置，对产品配置、产品语言和安装路径等信息确认无误后，单击"_____"，开始软件的安装进程。	
（8）软件安装过程中，安装界面将显示如右图所示的软件安装估计剩余_____。 注意：软件安装过程中，如果未进行许可密钥的传送，稍后可通过_____进行注册。	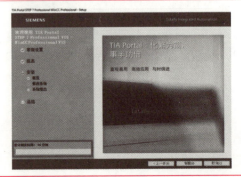

续表

（9）博途软件安装结束界面如右图所示： 依次选择"是，立即重启计算机""重新启动"，将_____，完成软件安装，相关配置生效。 如果计划稍后重启，则依次选择"否，稍后重启计算机""退出"（Exit）。 到此，完成博途软件的安装。	

3.3.2 PLC 工程文件创建与硬件组态

任务实施

1. PLC 工程文件创建

创建工程文件的方法有两种，分别为在_____视图中和_____视图中创建，具体方法如下。

1）工程文件创建方法一

（1）打开博途软件。 在 Portal 视图，单击"_____"。	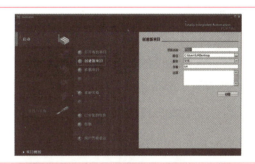
（2）自定义项目名称、文件保存路径、作者和注释，然后单击"_____"，创建工程文件。	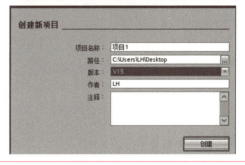

2）工程文件创建方法二

（1）在项目视图的菜单栏中，依次选择"项目"-"_____"命令。	

续表

(2) 自定义项目名称、文件保存路径、作者和注释,然后单击"_____",创建工程文件。

2. 设备组态

当完成工程文件的创建即新建一个项目后,应当先进行硬件组态,_____是项目程序编写的基础。

1) 新设备添加

在完成项目新建后,可以在 Portal 视图或者项目视图中添加_____设备,下面以工作站中总控单元 PLC 及其通信模块的添加为例,讲解添加设备的具体方法,具体步骤如下。

设备的添加

(1) 进入添加设备界面的方法有两种:

方法一:在 Portal 视图中,依次选择"_____""添加新设备"。

方法二:在项目视图中,双击"_____"。

(2) 以总控单元 PLC1 的添加为例:

在控制器选项下,选择与工作站对应 PLC 系列、CPU 型号和订货号一致的设备,设置设备名称,然后单击"_____"按钮完成设备的添加。

如右图所示,选择 S7-1200 系列下的 CPU 1212C DC/DC/DC,订货号尾号为 40-0XB0。

续表

（3）完成添加的_____如右图所示。	
（4）在硬件目录中选择硬件设备对应的扩展模块，然后通过拖拽或_____的方式添加到硬件组态中。 建议直接选中模块，然后直接拖拽进 CPU 的_____。 参照以上方法完成工作站新设备的添加及组态。	
2）附加设备添加	
GSD 文件的安装	 **GSD 文件的安装**
（1）在菜单栏的"选项"中，选择"_____"。	
（2）在弹出的对话框中，单击"…"按钮，找到 GSD 文件的_____。	
（3）勾选需要安装的 GSD 文件，单击_____。安装完成后，硬件目录会自动更新。	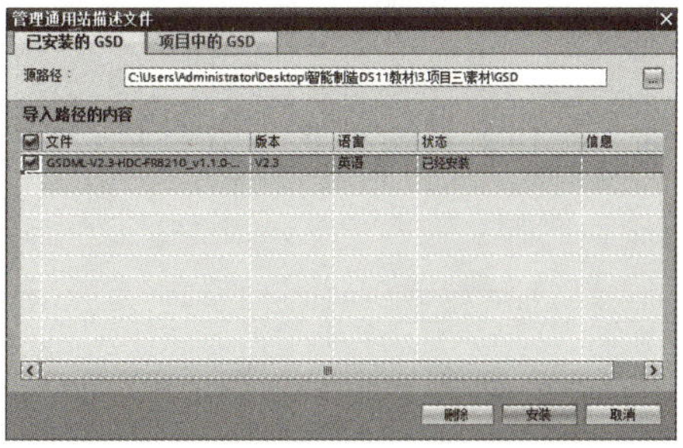

续表

（4）在硬件目录中，按照路径"其他现场设备"＞"PROFINET IO"＞"I/O"＞"HDC"＞"_____"，即可查看到该 PROFINET 远程 IO 设备，表明 GSD 文件安装成功。	
添加附件设备	
（1）先将博途软件的工作区调整至网络视图，在硬件目录中找到 SmartLink IO 的适配器_____，将其拖拽至视图窗口。	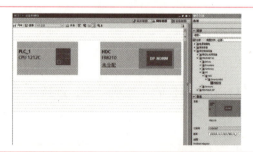
（2）为标识该设备，可自定义远程 IO 的设备组态名称，如右图中将"HDC"改为"执行单元"。	
（3）将视图调整至设备视图，打开设备概览窗口。在硬件目录中的"模块"选项中，可用拖拽或双击的方式将数字量输入 DI 和数字量输出模块 DO 添加至"_____"中。 注意：模块的种类和数量需要与实际设备保持一致。	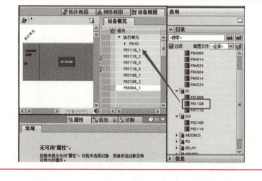

续表

3）设备网络组态

（1）CPU 的接口设置。

双击 CPU 的以太网接口图标，可显示接口的属性，如图 3-24 所示，在对应位置可进行_____的修改。

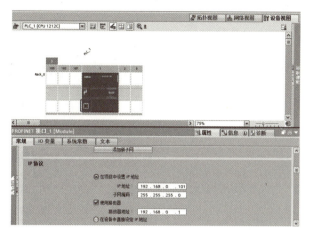

图 3-24　PLC CPU 的 IP 地址设定

（2）多设备网络组态。

在网络组态视图界面下，用户只需要进行简单的_____操作即可组态多个设备之间的连接关系。用户也可以在不同设备以太网接口属性中，将这些设备连接到同一个网络，也可实现将这些设备联网的功能。如图 3-25 所示为网络视图中的网络连接组态。

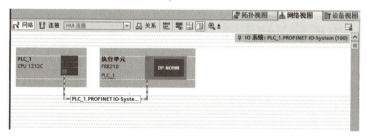

图 3-25　网络视图中的网络连接组态

（3）组态设备参数设置。

完成设备的网络组态后，可以在硬件组态设置数量输入、输出模块，模拟量输入输出模块的_____，也可直接使用默认地址。组态设备参数设置如图 3-26 所示。

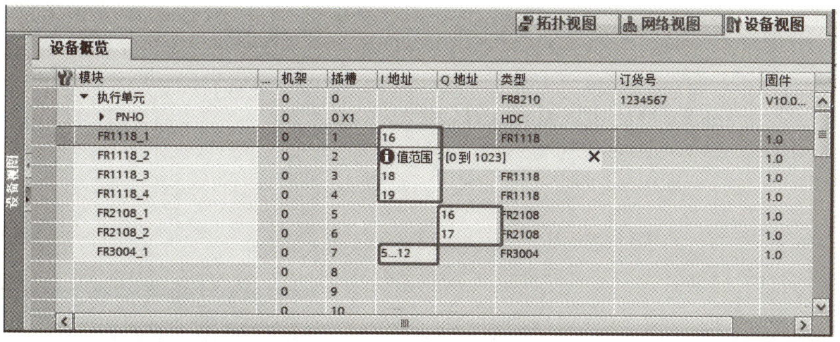

图 3-26　组态设备参数设置示例

续表

3.3.3 PLC 案例程序开发

任务实施

1. 变量表的定义

变量表定义的方法如下。

（1）在项目树中双击"_____"。	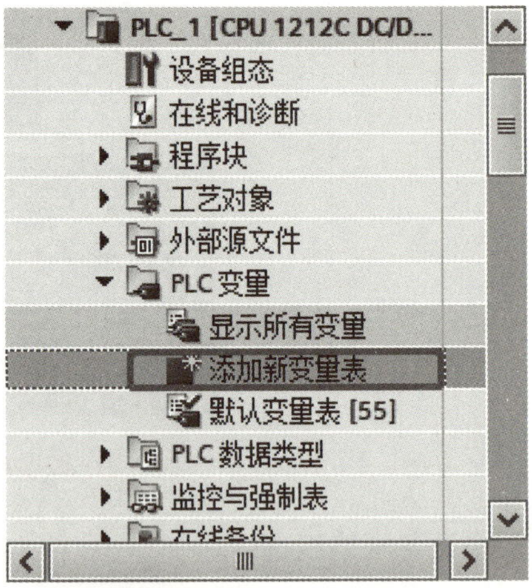
（2）鼠标右键选中项目树中新添加的_____，可对变量表执行如右图所示的操作。	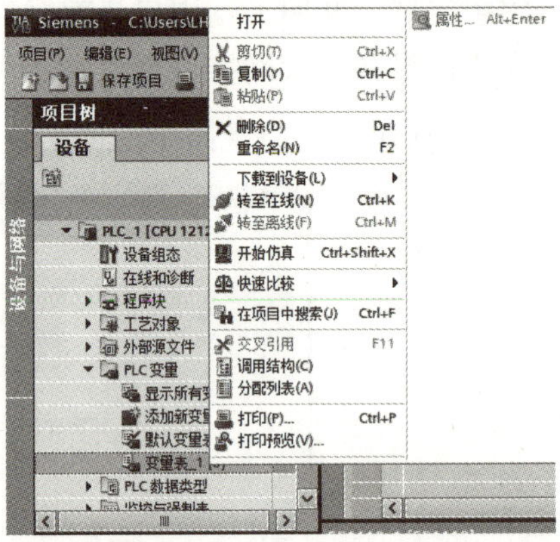
（3）双击打开添加的_____。	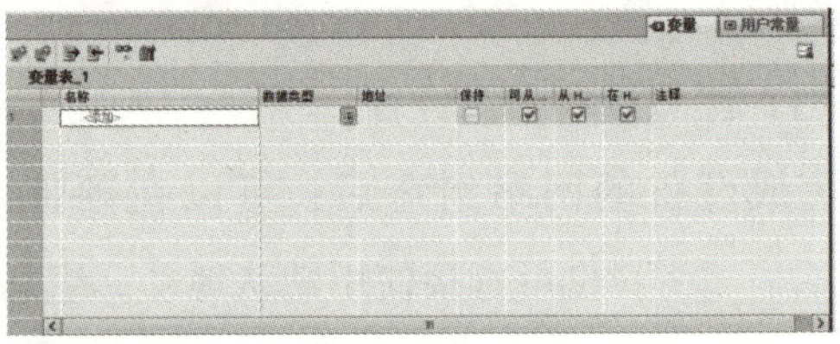
（4）输入新建变量的地址，以 M100.0 和 M100.1 为例，变量类型为_____。	
（5）可对名称进行修改。	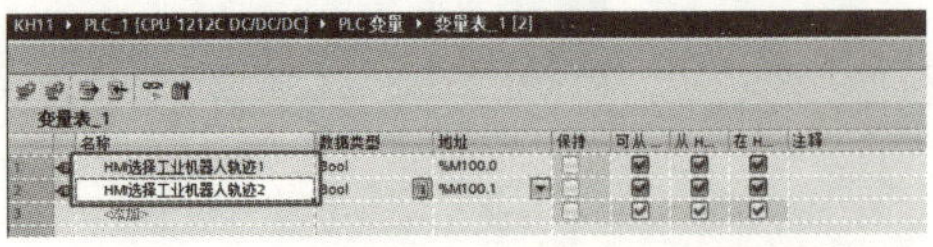

续表

2. 案例程序编写

工作站中工业机器人通过自身扩展 IO 及执行单元的远程 IO 模块与总控单元的 PLC 进行通信，相关的 IO 信息见表 3-10。当前 PLC 端已经参照前面讲解的方法完成了相关设备的组态及变量的添加，工业机器人端已经完成了相关信号的配置以及程序的编写。

现需编写 PLC 程序，实现 PLC 端接收到工业机器人端发送过来请求指定轨迹类型的信号后，可通过在 PLC 端修改相应 PLC 端变量的状态值指定轨迹类型，并发送信号至工业机器人，控制工业机器人沿指定轨迹运动。工业机器人运动轨迹有两种，分别为轨迹 1 和轨迹 2。

轨迹选择案例 PLC 程序编写

表 3-10 IO 表

硬件设备	地址	对应终端设备	终端设备信号	信号功能
PLC 输入					
PLC	I19.0	工业机器人	ToPDigRequest	工业机器人端发送过来请求选择轨迹类型的信号：值为 1 时，表示 ALC 接收到信号，在 PLC 端已经完成轨迹选择变量设置的情况下，将发送表示轨迹选择的信号至工业机器人。
	M100.0	可关联 HMI 上按钮	—	值为 1 表示选择轨迹 1。
	M100.1	可关联 HMI 上按钮	—	值为 1 表示选择轨迹 2。
PLC 输出					
PLC	Q17.0	工业机器人	FrPDigChange1	表示轨迹类型的信号，值为 1 表示选择轨迹 1。
	Q17.1		FrPDigChange2	表示轨迹类型的信号，值为 1 表示选择轨迹 2。

案例程序的编写方法如下。

(1) 双击 _____ 。

（2）选择_____，点击确定。	
（3）双击鼠标左键或单击右键_____。 注意：为了区分块的功能，可在右键选择菜单中选择"重命名"，对块进行重命名。	
（4）参考右图所示完成案例程序的编写。 程序注释：当变量 M100.0 值为 1 且 PLC 接收到工业机器人发送过来的轨迹选择请求信号时，将发送信号至工业机器人，控制工业机器人执行轨迹 1 的运动。 轨迹 2 的控制同理。当 PLC 未接收到轨迹请求选择信号或者未指定轨迹类型时，工业机器人将处于_____，不执行任何一段轨迹的运动。	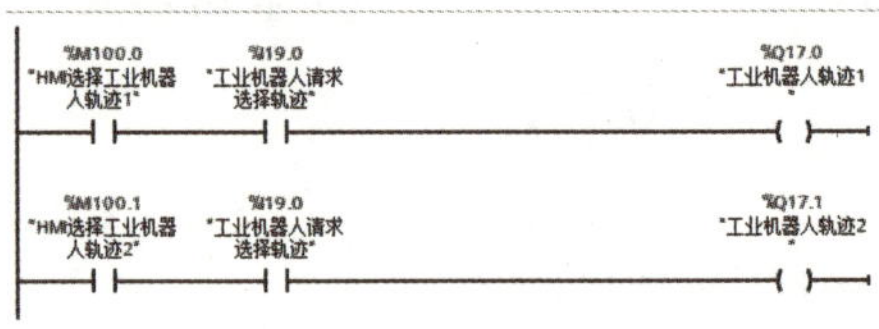
（5）打开主程序，调用 FC 块，将 FC 块拖拽至_____中。完成案例程序的编写。	

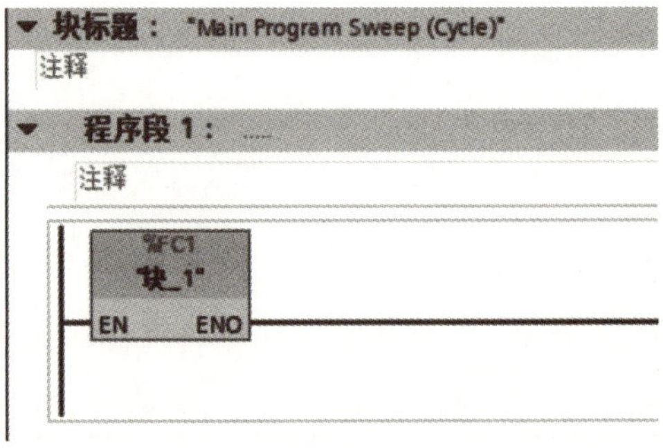

续表

任务评价

1. 任务评价表

评价项目	比例	配分	序号	评价要素	评分标准	自评	教师评价
6S 职业素养	30%	30 分	①	选用适合的工具实施任务，清理无须使用的工具	未执行扣 6 分		
			②	合理布置任务所需使用的工具，明确标识	未执行扣 6 分		
			③	清除工作场所内的脏污，发现设备异常立即记录并处理	未执行扣 6 分		
			④	规范操作，杜绝安全事故，确保任务实施质量	未执行扣 6 分		
			⑤	具有团队意识，小组成员分工协作，共同高质量完成任务	未执行扣 6 分		
PLC 程序开发	70%	70 分	①	能安装 PLC 编程软件	未掌握扣 15 分		
			②	能使用 PLC 编程软件完成工程创建、设备硬件组态（含附加设备）	未掌握扣 15 分		
			③	能够使用 PLC 编程软件完成工程内硬件设备的网络组态	未掌握扣 10 分		
			④	能使用 PLC 编程软件，完成变量表的建立	未掌握扣 10 分		
			⑤	能使用 PLC 基本指令完成顺序逻辑控制程序编写（如实现程序启动及功能选择）	未掌握扣 20 分		
合计							

2. 活动过程评价表

评价指标	评价要素	分数	得分
信息检索	能有效利用网络资源、工作手册查找有效信息；能用自己的语言有条理地去解释、表述所学知识；能将查找到的信息有效转换到工作中	10	
感知工作	是否熟悉各自的工作岗位，认同工作价值；在工作中，是否获得满足感	10	
参与状态	与教师、同学之间是否相互尊重、理解、平等；与教师、同学之间是否能够保持多向、丰富、适宜的信息交流探究学习、自主学习不流于形式，处理好合作学习和状态独立思考的关系，做到有效学习；能提出有意义的问题或能发表个人见解；能按要求正确操作；能够倾听、协作分享	20	

续表

评价指标	评价要素	分数	得分
学习方法	工作计划、操作技能是否符合规范要求；是否获得了进一步发展的能力	10	
工作过程	遵守管理规程，操作过程符合现场管理要求；平时上课的出勤情况和每天完成工作任务情况；善于多角度思考问题，能主动发现、提出有价值的问题	15	
思维状态	是否能发现问题、提出问题、分析问题、解决问题	10	
自评反馈	按时按质完成工作任务；较好地掌握了专业知识点；具有较强的信息分析能力和理解能力；具有较为全面严谨的思维能力并能条理明晰表述成文	25	
总分		100	

任务 3.4　触摸屏程序开发

本任务围绕西门子触摸屏讲解触摸屏程序编写方法,以实际功能需求为出发点,为智能制造单元系统集成应用平台提供典型可视化控制方案。

知识页——工程文件创建及组态基础知识

人机界面(HMI)主要用于实现人与机器之间的信息交互,人机界面在生活中随处可见,比如通过ATM机的触摸屏取款,通过平板电脑的触摸屏上网。HMI一般包含HMI硬件和相应的专用画面组态软件,组态软件是HMI硬件界面的软件开发平台,同时它还具有数据采集与过程控制的功能,一般情况下,不同厂家的HMI硬件使用不同的画面组态软件。

西门子触摸屏程序的编写在博途软件中进行,与PLC编程界面相同内容此处不再赘述。此处重点讲解如图3-27所示的任务卡。任务卡中包括,工具箱、动画、布局、指令、任务和库。

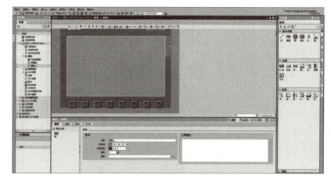

图3-27　触摸屏编辑界面

1. 工具箱(图3-28)

在不同的窗格中通常包含基本对象、元素、控件等选项;通过拖放或双击可实现对象的添加,可供选择的对象由组态添加的设备决定。

2. 动画(图3-29)

动画任务卡中包含可以将选项板中的画面对象进行动态化的功能。可以通过拖放或双击将动画从"移动"(Movements)、"显示"(Display)和"变量绑定"(Tag Binding)选项板粘贴到画面对象。

3. 布局(图3-30)

任务卡包含以下用于显示对象和元素的窗格:

1)层

用于管理画面对象层。这些层显示在树视图中,其中包含激活的层以及所有可见层的信息。

2)网格

指定将对象按网格对齐或者与其他对象对齐,并设置网格的大小。

3)超出范围的对象

可见区域外的对象显示名称、位置和类型。

4. 库（图 3-31）

1) 项目库

项目库与项目一起存储。

2) 全局库

全局库存储在组态 PC 上指定路径的单独文件中，用于库文件的调用。

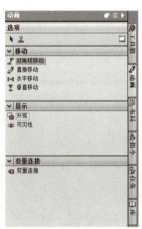

图 3-28　工具箱　　　图 3-29　动画　　　图 3-30　布局　　　图 3-31　库

知识测试

一、填空题

1. 西门子触摸屏程序任务卡界面中的工具箱在不同的窗格中通常包含_____、_____、_____等选项。

2. _____主要用于实现人与机器之间的信息交互。

3. 博途软件的触摸屏界面中，_____中包含可以将选项板中的画面对象进行动态化的功能。

二、简述题

1. HMI 就是触摸屏硬件。　　　　　　　　　　　　　　　　　　　　　　（　　）

2. 博途软件的触摸屏界面中，工具箱通常包含基本对象、元素、控件等选项，通过拖放或双击可实现对象的添加。（　　）

任务 3.4　触摸屏程序开发

任务页——触摸屏程序开发

工作任务	触摸屏程序开发	教学模式	理实一体
建议学时	参考学时共 10 学时，其中相关知识学习 6 课时；学员练习 4 课时	需设备、器材	工业机器人集成应用设备、博途软件
任务描述	掌握触摸屏程序编写方法		
职业技能	3.5.1　能使用触摸屏编程软件的功能菜单。 3.5.2　能在触摸屏编程软件上创建工程。 3.5.3　能进行简单组件的组态		

3.4.1　工程文件创建及组态

任务实施

西门子 KTP900 触摸屏工程文件的创建方法如下。

（1）使用博途软件打开任务 3.3 案例中创建的工程文件。

单击"＿＿＿＿＿＿"，如右图所示。

触摸屏设备添加及组态

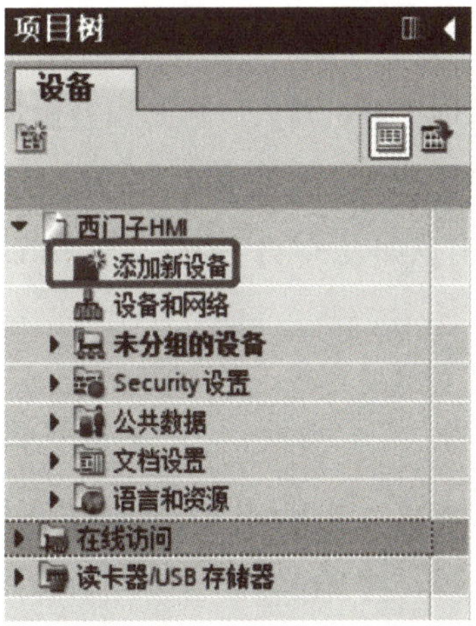

（2）单击＿＿＿，选择＿＿＿＿触摸屏。选中后点击确定。

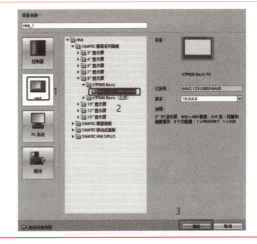

续表

（3）单击"_____"按钮。	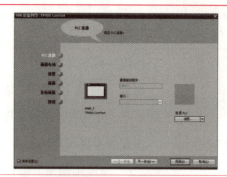
（4）完成 HMI 设备_____。	

3.4.2 触摸屏案例程序开发

任务实施

工作站中工业机器人、PLC 以及触摸屏通过直接或间接的关系进行信息交互，现需编写触摸屏程序实现操纵对应的按钮，触发 PLC 相应信号状态发生变化，进而实现工业机器人运行轨迹的选择。触摸屏端相关的 IO 信息如表 3-11 所示。当前 PLC 端以及工业机器人端的信号配置以及程序均已编写完成。

表 3-11 触摸屏案例 IO 表

硬件设备	地址	对应终端设备	信号功能
HMI	M100.0	PLC1	值为 1 表示选择轨迹 1
	M100.1	PLC1	值为 1 表示选择轨迹 2

案例触摸屏编程方法具体如下。

（1）打开"画面 1"，将元素中的"_____"拖拽至_____中。	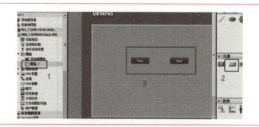
（2）选中按钮的情况下，拉伸边界可调节按钮的_____。 选中按钮的情况下，双击按钮后可对按钮进行_____，如右图所示。 在巡视窗口可对按钮的属性进行设置，如颜色、字体等。	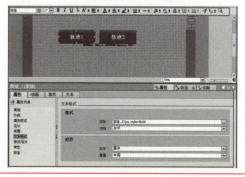

续表

（3）选中"轨迹1"按钮，添加_____，如右图所示。_____可实现按下按钮后，按钮关联变量状态值置位为_____。	
（4）选中"…"，单击PLC变量，选中_____，然后单击对号完成关联，如右图所示。	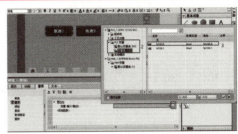
（5）选中"释放"，单击"_____"，如右图所示。实现松开按钮后，按钮关联变量_____。	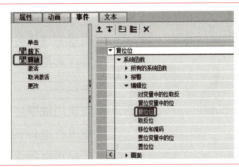
（6）选中"…"，单击_____，选中M100.0，如右图所示。	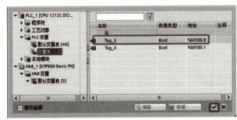
（7）参照步骤（3）至步骤（7）。完成"_____"按钮设定，如右图所示。	

续表

 任务评价

1. 任务评价表

评价项目	比例	配分	序号	评价要素	评分标准	自评	教师评价
6S职业素养	30%	30分	①	选用适合的工具实施任务，清理无须使用的工具	未执行扣6分		
			②	合理布置任务所需使用的工具，明确标识	未执行扣6分		
			③	清除工作场所内的脏污，发现设备异常立即记录并处理	未执行扣6分		
			④	规范操作，杜绝安全事故，确保任务实施质量	未执行扣6分		
			⑤	具有团队意识，小组成员分工协作，共同高质量完成任务	未执行扣6分		
触摸屏程序开发	70%	70分	①	能在触摸屏编程软件上创建工程，添加触摸屏设备	未掌握扣20分		
			②	能使用触摸屏编程软件的功能菜单	未掌握扣20分		
			③	能进行组件的组态，开发具备简单控制功能的触摸屏程序（如功能选择）	未掌握扣30分		
合计							

2. 活动过程评价表

评价指标	评价要素	分数	得分
信息检索	能有效利用网络资源、工作手册查找有效信息；能用自己的语言有条理地去解释、表述所学知识；能将查找到的信息有效转换到工作中	10	
感知工作	是否熟悉各自的工作岗位，认同工作价值；在工作中，是否获得满足感	10	
参与状态	与教师、同学之间是否相互尊重、理解、平等；与教师、同学之间是否能够保持多向、丰富、适宜的信息交流探究学习、自主学习不流于形式，处理好合作学习和状态独立思考的关系，做到有效学习；能提出有意义的问题或能发表个人见解；能按要求正确操作；能够倾听、协作分享	20	
学习方法	工作计划、操作技能是否符合规范要求；是否获得了进一步发展的能力	10	

续表

评价指标	评价要素	分数	得分
工作过程	遵守管理规程，操作过程符合现场管理要求；平时上课的出勤情况和每天完成工作任务情况；善于多角度思考问题，能主动发现、提出有价值的问题	15	
思维状态	是否能发现问题、提出问题、分析问题、解决问题	10	
自评反馈	按时按质完成工作任务；较好地掌握了专业知识点；具有较强的信息分析能力和理解能力；具有较为全面严谨的思维能力并能条理明晰表述成文	25	
	总分	100	

项目评测

项目三　机电集成系统程序开发工作页

项目知识测试

一、选择题

1. 查看当前系统的系统文件操作可以在 ABB 工业机器人示教器的哪个选项中进行（　　）。

   A. 控制面板　　　　　　　　　　　　B. FlexPendant 资源管理器

   C. 系统信息　　　　　　　　　　　　D. 程序数据

2. ABB 工业机器人系统中，坐标系种类不包括（　　）。

   A. 基坐标系　　　B. 圆柱坐标系　　　C. 工件坐标系　　　D. 工具坐标系

3. 在线示教编程是一项工业机器人比较成熟的技术，也是当前大多数工业机器人的编程方式，下列选项中哪项不属于在线编程的优势（　　）。

   A. 编程门槛低、简单方便、不需要环境模型。

   B. 可以修正机械结构带来的误差。

   C. 便于 CAD/CAM 系统结合，做 CAD/CAM/robotics 一体化。

   D. 以上均不是。

4. （　　）是由操作人员通过示教器控制机械手工具末端达到指定和姿态，记录工业机器人位姿数据并编写工业机器人运动指令，完成工业机器人在正常加工轨迹规划、位姿等关节数据信息的采集和记录。

   A. 在线示教编程　　B. 离线编程　　　C. 自主编程　　　D. 复杂编程

二、多选题

1. 示教器是用户与工业机器人之间的人机对话工具，通过示教器可以实现对工业机器人的手动操纵、程序编写、参数配置以及状态监控，右图为 ABB 示教器功能按键，通过功能按键可以实现的功能包括（　　）。

   A. 选择机械单元　　　　　　　　　　B. 切换动作（运动）模式

   C. 切换增量　　　　　　　　　　　　D. 自定义快捷键

2. ABB 工业机器人常用的运动指令有绝对位置运动指令（MoveAbsJ）、关节运动指令（MoveJ）、线性运动指令（MoveL）和圆弧运动指令（MoveC）。下列说法正确的是（　　）。

   A. 绝对位置运动指令是指示机器人使用 6 个关节轴和外轴（附加轴）的角度值进行运动和定义目标位置数据的命令。

   B. 关节运动指令是在对工业机器人路径精度要求很高的情况下，指示工业机器人工具中心点 TCP 从一个位置移动到另一位置的命令，移动过程中工业机器人运动姿态不完全可控，但运动路径保持唯一。

   C. 线性运动指令是指示机器人的 TCP 从起点到终点之间的路径始终保持为直线的运动指令。

   D. 圆弧运动指令是指示工业机器人在可到达范围内定义两个位置点，实现圆弧路径运动的命令。

续表

3. 西门子博途软件中，项目视图的巡视窗口包括哪些选项卡（　　）。
   A. 属性选项卡　　　　B. 信息选项卡　　　　C. 诊断选项卡　　　　D. 检查选项卡
4. 下列指令中属于 ABB 工业机器人运动指令的是（　　）。
   A. Set　　　　　　　B. Stop　　　　　　　C. MoveC　　　　　　D. MoveAbsJ
5. ABB 工业机器人的程序类型有（　　）。
   A. Procedure 类型　　B. Function 类型　　　C. Trap 类型　　　　D. Main 类型

三、判断题

1. ABB 示教器语言更改和系统时间设定完成后，都需要重新启动系统。　　　　（　　）
2. 每个 S7-1200 CPU 都拥有唯一的 MAC 地址，地址印刷在以太网口上，用户可以根据地址来网络上的多个控制器。　　　　（　　）
3. 在 ABB 工业机器人程序设计中，把相同类型的若干数据按有序的形式组织起来，这些按序排列的同类数据元素的集合称为数组。　　　　（　　）

职业技能测试

一、IO 信号配置

（1）在示教器中正确配置工业机器人 DSQC652 板卡，将地址设置为 10。
（2）配置工作站中所需用到的工业机器人信号，见表 3-12，根据 IO 信号表的参数完成信号的配置。

表 3-12　工作站的工业机器人 IO 信号

硬件设备	地址	名称	功能描述	对应设备
工业机器人输出信号				
标准 IO 板 DSQC652	4	ToTDigGrip	切换夹爪工具闭合、张开状态的信号（值为 1 时，夹爪工具闭合；值为 0 时，夹爪工具张开）。	夹爪工具
	7	ToTDigQuickChange	控制快换装置信号［值为 1 时，快换装置为卸载状态（钢珠缩回）；值为 0 时，快换装置为装载状态（钢珠弹出）］。	快换装置
工业机器人输入信号				
标准 IO 板 DSQC652	1	FrPDigOption	码放工件数量选择信号（值为 0 时，表示选择码放两块工件，即 1 号和 2 号；值为 1 时，表示选择码放 3 块工件，即按照 1-3 顺序码放 3 块）。	PLC SM1223 DC_1，端口 4

续表

二、工业机器人标定验证及校对调试

操作工业机器人,利用工作台上所提供的标定辅助工具,选用"TCP 和 Z"法标定涂胶工具的工具坐标系。

要求:工具坐标命名为 toolR1;工具坐标 toolR1 的 Z 轴正方向如图 3-32 所示;目标 TCP 点处于涂胶工具的尖端;涂胶工具质量为 0.7kg,重心偏移值为沿 Z 轴 70mm;标定平均误差≤0.5mm。

图 3-32 涂胶工具及其坐标系 toolR1 示意图

项目四

机电集成系统调试

项目导言

工业机器人系统调试是工作站投产前的环节，本项目围绕工作站通信配置与调试、常用电机及传感器参数设置和工作站维护三个部分进行讲解，其核心目标是将工作站调整至可以投入使用的状态。

工作站通信配置与调试任务需在相关设备的程序开发和信号配置均已完成的基础上进行，本任务选择工作站中的典型通信配置与调试案例进行讲解，包括工业机器人与PLC的通信配置与调试、触摸屏与PLC的通信配置与调试以及上位机与PLC的通信配置与调试，通过以上的配置与调试确保工作站所需通信功能正常。以实际案例讲解电机参数的设置与调试方法及传感器参数的设置与调试方法。工作站维护是设备投产后需定期执行的内容，任务包括工业机器人日常点检、工业机器人系统备份与升级以及周边设备维护，周边设备维护从PLC与视觉检测单元两个方面展开讲解。

工业机器人集成应用职业技能等级标准对照表

工作领域	工业机器人集成系统调试					
工作任务	4.1 工作站通信配置和调试		4.2 常用电机及传感器参数设置		4.3 工作站维护	
任务分解	工业机器人与PLC的通信配置与调试	触摸屏与PLC的通信配置与调试	伺服电机参数设置与调试	位置传感器参数设置与调试	工业机器人系统备份与升级	机电集成系统电气设备维护
职业能力	4.1.1 能根据工作站应用的通信要求，配置和调试工业机器人与PLC控制设备的通信。 4.1.2 能根据工作站应用的通信要求，配置和调试触摸屏与PLC控制设备的通信。 4.2.1 能根据任务需求设置电机运动速度、正反转、输入电压等参数。 4.2.2 能按照任务需求调试电机运动速度、正反转、输入电压等参数。 4.2.3 能根据任务需求调试常用传感器位置和参数。 4.3.2 能按照维护保养手册要求，进行工业机器人固件升级、软件参数的设置和备份。 4.3.3 能按照维护保养手册要求，进行工业机器人周边电气设备固件升级、软件参数的设置和备份、线路的检查或更换。					

任务 4.1　机电集成系统通信配置与调试

本任务需在掌握工作站中各设备间通讯关系的基础上，完成工业机器人与 PLC 之间的通信配置及调试、触摸屏与 PLC 之间的通信配置及调试以及上位机与 PLC 之间的通信配置及调试。

知识页——工业机器人与 PLC 的通信关系

智能制造单元系统集成应用平台采用模块化设计理念，由总控单元的 PLC1 作为工作站的总控制器，其他单元均配备支持 PROFINET 通信的远程 IO 模块，各个单元的设备可通过远程 IO 模块接入工作站的 PROFINET 通信网络中。执行单元配有子控制器 PLC3，可实现执行单元伺服滑台运动的控制。同时工业机器人配有 DeviceNet 扩展 IO 模块，实现输入输出的扩展，通讯关系概括如下：

总控单元的 PLC1 与仓储单元、分拣单元、打磨单元、执行单元的远程 IO 通过 PROFINET 协议进行通讯，组成线性拓扑通信网络，工作站中如配备有西门子触摸屏，同样也可通过 PROFINET 协议接入工作站的通信网络，具体通信关系如图 4-1 所示。

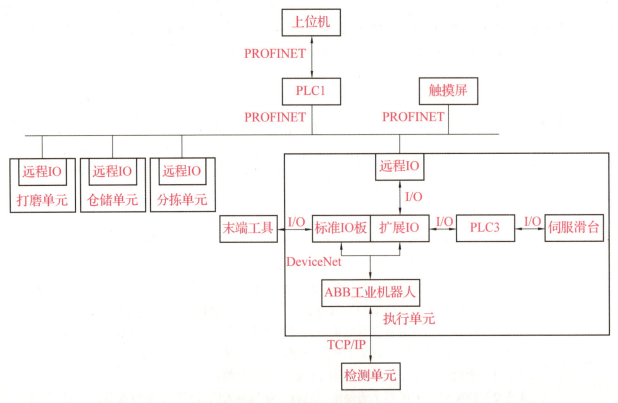

图 4-1　工作站设备通信关系

知识测试

一、填空题

1. 工作站的智能制造单元系统集成应用平台采用_____设计理念。

2. 工作站中的各个单元的设备可通过支持 PROFINET 通信_____模块接入工作站的 PROFINET 通信网络中。

二、简答题

1. 简述智能制造单元系统集成应用平台中，工业机器人与 PLC 的通信关系。

2. 简述智能制造单元系统集成应用平台中，末端工具与工业机器人的通信方式。

任务页——机电集成系统通信配置与调试

工作任务	机电集成系统通信配置与调试	教学模式	理实一体
建议学时	参考学时共8学时,其中相关知识学习4课时;学员练习4课时	需设备、器材	工业机器人集成应用设备、博途软件
任务描述	完成工业机器人与PLC之间的通信配置及调试、触摸屏与PLC之间的通信配置及调试		
职业技能	4.1.1 能根据工作站应用的通信要求,配置和调试工业机器人与PLC控制设备的通信。 4.1.2 能根据工作站应用的通信要求,配置和调试触摸屏与PLC控制设备的通信		

4.1.1 工业机器人与PLC的通信配置与调试

任务实施

1. 通信前期准备

配置和调试工业机器人与PLC控制设备之间通信的方法如下。

进行调试前,须确保:

(1) _____ 与其扩展IO模块、扩展IO模块与执行单元远程IO之间的 _____ 已经完成。

(2) 工业机器人端的轨迹程序以及可实现轨迹选择的主程序已经编写完成,如图4-2所示。

```
1   MODULE MainModule
2       PROC main()
3           Set ToPDigRequest;  !!工业机器人请求PLC进行
4           WaitTime 1;
5           IF FrPDigChange1 = 1 AND FrPDigChange2 = 0 THEN
6               Routine1;   !!如果选择轨迹1,则执行Routine1
7           ENDIF
8           IF FrPDigChange2 = 1 AND FrPDigChange1 = 0 THEN
9               circle;     !!如果选择轨迹2,则执行circle程序
10          ENDIF
11      ENDPROC
```

图4-2 工业机器人轨迹选择程序

(3) 工业机器人与PLC1通信所使用的信号均已经完成配置。工业机器人与PLC通讯时所使用IO信号如表4-1所示。

表4-1 工业机器人与PLC通讯时所使用IO信号

硬件设备	名称	功能描述	对应设备	对应PLC信号端口
机器人扩展IO板	ToPDigRequest	工业机器人请求选择轨迹	PLC1	I19.0
机器人扩展IO板	FrPDigChange1	表示轨迹类型的信号,值为1时,表示选择轨迹1	PLC1	Q17.0
	FrPDigChange2	表示轨迹类型的信号,值为1时,表示选择轨迹2		Q17.1

续表

(4) 可实现轨迹选择功能的 PLC 程序已经编写完成，如图 4-3 所示，其中 PLC 端变量 M100.0 值为 1 时表示选择_____，M100.1 值为 1 时表示选择_____，变量值为 0 时表示未选择轨迹。如设备配有触摸屏或上位机，可关联 HMI 界面上按钮与 M100.0 和 M100.1 变量，实现对工业机器人运行轨迹选择的远程操控。

图 4-3　PLC 轨迹选择程序

2. 硬件配置

为了实现工业机器人与 PLC1 之间的通信，还需完成执行单元与总控单元之间的_____接线。另外 PLC 端状态的实时监测与调试需在装有博途软件的 PC 端进行，为了便于调试，需完成 PC 与 PLC1 之间的通信硬件接线，具体步骤如下。

（1）使用网线，一端插入 PC 的_____接口，另一端插入以太网交换机网口。	
（2）使用网线，一端插入 PLC1 的_____网口，另一端插入以太网交换机网口。	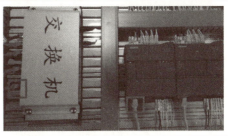
（3）使用网线，一端插入执行单元的_____接口，另一端插入以太网交换机网口。	

3. 通信软件配置

在进行工业机器人与 PLC 之间的通信调试前，需要对 PC 进行网络_____设置，具体步骤如下。

续表

（1）在完成计算机的数据传输口和交换机网口硬件连接的前提下，打开PC中"＿＿＿＿"设置。	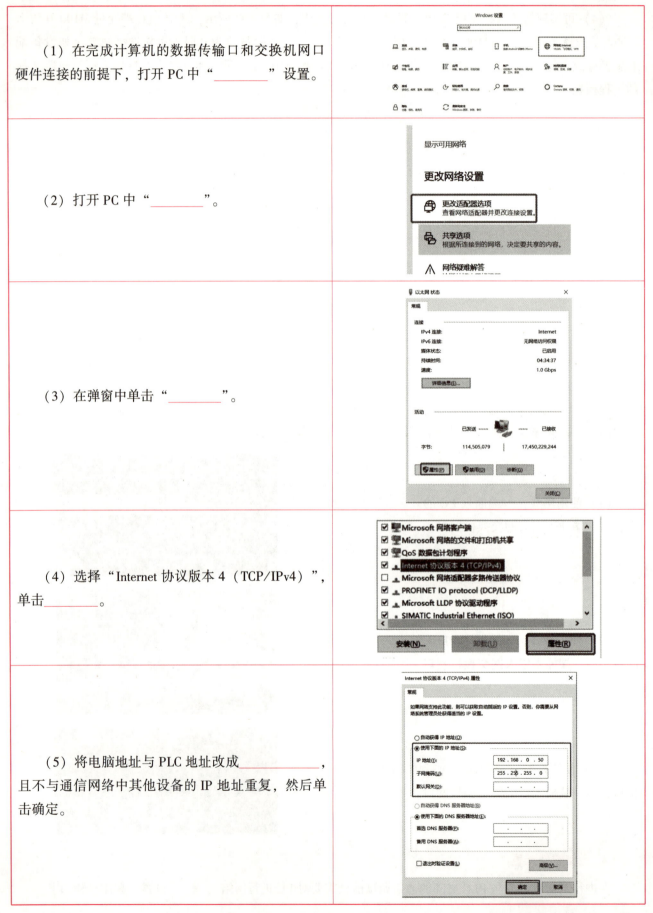
（2）打开PC中"＿＿＿＿"。	
（3）在弹窗中单击"＿＿＿＿"。	
（4）选择"Internet协议版本4（TCP/IPv4）"，单击＿＿＿＿。	
（5）将电脑地址与PLC地址改成＿＿＿＿，且不与通信网络中其他设备的IP地址重复，然后单击确定。	

续表

4. 通信调试

完成工业机器人与PLC之间通信的_____配置后，才可进行工业机器人与PLC通信调试，详细步骤如下。

1) PLC下载

（1）首先打开编辑好的项目，然后选择需要下载的程序，此处选择PLC_1程序，然后单击工具栏中的"_____"按钮。	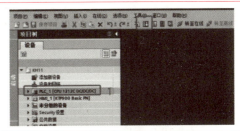
（2）将"PG/PC接口类型"修改为"_____"，将"PG/PC接口"修改为"Realtek PCle GBE Family Controller"。	
（3）将"_____"修改为"PN/IE_2"。	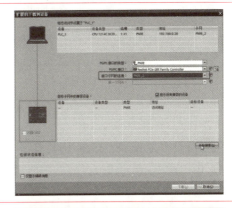
（4）单击"_____"按钮，在搜索到的设备中选择"PLC_1"并单击"下载"按钮。	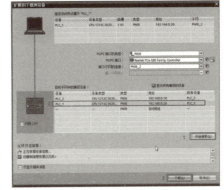

(5) 在"下载预览"对话框中单击"_____"按钮。	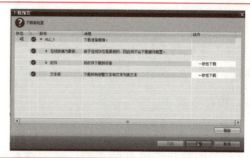
(6) 最后在"_____"对话框中单击"完成"按钮,完成 PLC 程序的下载。	
2) PLC 输入信号测试	
(1) 在 PLC_1 项目树中,单击"监控与强制表",然后双击"_____",添加监控表。如右图所示的监控表_1 即为新添加的监控表。	
(2) 双击打开监控表,添加 PLC 端需要信号的地址,I19.0、Q17.0 和 Q17.1,如右图所示。	
(3) 单击工具栏中的"_____"按钮,将 PLC 转为在线状态,然后选择"全部监视"从而实时监看输入/输出信号的状态。	
(4) 在测试之前可以看到 PLC 端输入信号 I19.0 初始状态为___。	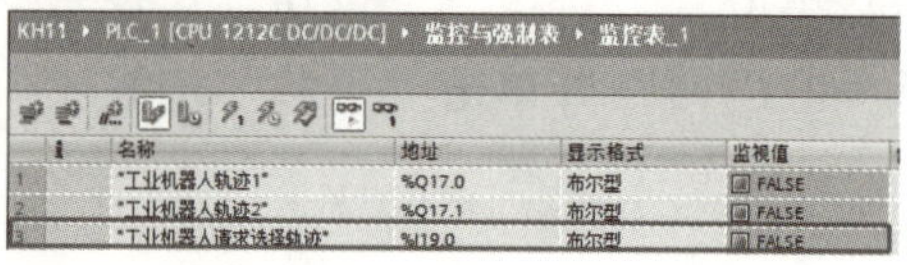 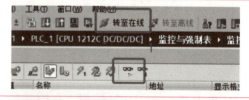

续表

（5）在示教器中将数字量输出信号"ToPDigRequest"值置为_____，如右图所示。	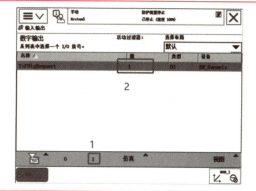
（6）在 PC 端监看，可以看到 PLC 中_____被置为 1。	
3）PLC 输出信号测试	
（1）当 PLC 端输出信号 Q17.0、Q17.1 状态值为 0 时，可以看到工业机器人端对应输入信号 FrPDigChange1、FrPDigChange2 状态值均为_____。	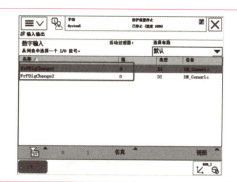
（2）在 PLC 端将 Q17.0 强制置为_____，如右图所示。	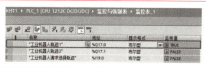
（3）然后在示教器中点击"_____"，选择数字输入。 如果通信正常可以看到信号 FrPDigChange1 的状态值为 1。 参照以上方法完成信号 FrPDigChange2 的测试。	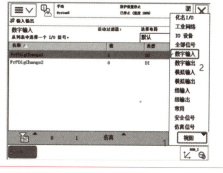
（4）将 PLC 信号 Q17.0、Q17.1 重置为_____，可以看到工业机器人输入信号 FrPDigChange1、FrPDigChange2 状态值变为 0。	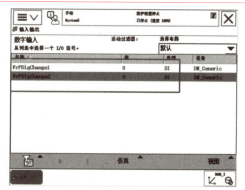

（5）若通信异常，请检查设备间的硬件接线、信号和通信配置，直至通信功能正常。

4.1.2 触摸屏与 PLC 的通信配置与调试

任务实施

1. 通信前期准备

进行调试前，须确保触摸屏与 PLC1 进行通信的相关信号已经完成配置，触摸屏及 PLC1 之间的 _____ 均已完成。

触摸屏程序已经完成编写，如触摸屏与 PLC1 之间通信正常，在触摸屏上按下轨迹 1 按钮时，PLC1 端 _____ 的值将被置位 1；松开按钮时，PLC1 端 M100.0 的值将被复位为 0。在触摸屏上按下轨迹 2 按钮时，PLC1 端 M100.1 的值将被置位 _____；松开按钮时，PLC1 端 M100.1 的值将被复位为 0。

2. 硬件配置

为了实现西门子 KTP900 触摸屏与 PLC1 之间的通信以及触摸屏程序的下载，需将触摸屏接入 PLC1 所在 _____ 内，然后在装有博途软件且处于同一个网段的 PC 内进行相关参数配置与状态监测。

PC 与 PLC1 之间的硬件接线可参照 4.1.1 内容完成。进行调试前，还需完成触摸屏与总控单元之间的 _____，即使用网线一端连接触摸屏、另一端连接总控单元的 _____，通信硬件接线示意如图 4-4 所示。

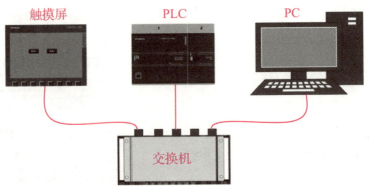

图 4-4 触摸屏与 PLC 通信硬件接线示意图

3. 通信配置与调试

进行触摸屏与 PLC 通信配置与调试的详细操作步骤如下。

（1）首先打开编辑好的项目，然后选择需要下载的触摸屏程序，点击工具栏中的"_____"按钮。

参照 PLC 程序的下载方法，将触摸屏程序下载至触摸屏中。

注意：本案例中已经设定触摸屏、PLC 及 PC 处于同一网段。

续表

（2）打开 PLC 程序，将 PLC 转为在线、＿＿＿＿状态，如右图所示。	
（3）在 PLC 监控表中添加需要监控的变量＿＿＿＿和 M100.0，如右图所示。	
（4）然后在触摸屏上按下"＿＿＿＿"按钮，监测 M100.0 的状态值。 如果通信正常，可监测到 M100.0 状态值变为＿＿＿＿。	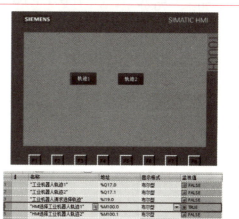
（5）松开触摸屏上"轨迹 1"按钮，监测 M100.0 的状态值。 如果通信正常，M100.0 状态值变为＿＿＿＿。 参照以上方法完成"轨迹 2"按钮功能测试。	
（6）如通信异常，请检查设备间的＿＿＿＿、信号和通信配置，然后重新下载触摸屏和 PLC 程序，进行通信测试，直至通信功能正常。	

任务评价

1. 任务评价表

评价项目	比例	配分	序号	评价要素	评分标准	自评	教师评价
6S 职业素养	30%	30 分	①	选用适合的工具实施任务，清理无须使用的工具	未执行扣 6 分		
			②	合理布置任务所需使用的工具，明确标识	未执行扣 6 分		
			③	清除工作场所内的脏污，发现设备异常立即记录并处理	未执行扣 6 分		
			④	规范操作，杜绝安全事故，确保任务实施质量	未执行扣 6 分		
			⑤	具有团队意识，小组成员分工协作，共同高质量完成任务	未执行扣 6 分		

续表

评价项目	比例	配分	序号	评价要素	评分标准	自评	教师评价
机电集成系统通信配置与调试	70%	70 分	①	能根据工作站应用的通信要求，配置工业机器人与 PLC 控制设备的通信，含硬件配置和通信设置	未掌握扣 15 分		
			②	能调试工业机器人与 PLC 控制设备的通信，含程序下载及信号调试	未掌握扣 20 分		
			③	能根据工作站应用的通信要求，配置触摸屏与 PLC 控制设备的通信，含硬件配置和通信设置	未掌握扣 15 分		
			④	能调试触摸屏与 PLC 控制设备的通信，含程序下载及调试	未掌握扣 20 分		
合计							

2. 活动过程评价表

评价指标	评价要素	分数	得分
信息检索	能有效利用网络资源、工作手册查找有效信息；能用自己的语言有条理地去解释、表述所学知识；能将查找到的信息有效转换到工作中	10	
感知工作	是否熟悉各自的工作岗位，认同工作价值；在工作中，是否获得满足感	10	
参与状态	与教师、同学之间是否相互尊重、理解、平等；与教师、同学之间是否能够保持多向、丰富、适宜的信息交流探究学习、自主学习不流于形式，处理好合作学习和状态独立思考的关系，做到有效学习；能提出有意义的问题或能发表个人见解；能按要求正确操作；能够倾听、协作分享	20	
学习方法	工作计划、操作技能是否符合规范要求；是否获得了进一步发展的能力	10	
工作过程	遵守管理规程，操作过程符合现场管理要求；平时上课的出勤情况和每天完成工作任务情况；善于多角度思考问题，能主动发现、提出有价值的问题	15	
思维状态	是否能发现问题、提出问题、分析问题、解决问题	10	
自评反馈	按时按质完成工作任务；较好地掌握了专业知识点；具有较强的信息分析能力和理解能力；具有较为全面严谨的思维能力并能条理明晰表述成文	25	
总分		100	

任务 4.2 常用电机及传感器参数配置与调试

本任务将基于智能制造单元系统集成应用平台，结合实际案例讲解伺服驱动器及光电传感器的参数设置及调试方法。

知识页——伺服电机参数和位置传感器

1. 伺服电机参数认知

在将伺服驱动器接入控制系统之前，需先对伺服驱动器进行初始化，初始化完成之后必须设置参数包括：运行模式、电子齿轮分子和分母、指令脉冲输入形态、输入信号等，执行单元伺服驱动器（三菱 MR-JE-40A 400W）端需设置的参数见表 4-2，其余参数可根据运行环境的需求进行设置。

表 4-2 伺服参数设置

参数编号	参数名称	参数设定值	参数功能说明
PA01	运行模式	1000	设定控制模式为位置控制模式
PA06	电子齿轮分子（指令脉冲倍率分子）	900	设定电子齿轮分子（CMX），设置范围：1~16777215。注意：电子齿轮的设定必须在伺服 OFF 状态进行。
PA07	电子齿轮分母（指令脉冲倍率分母）	1	设定电子齿轮分母（CDV），设置范围：1~16777215。注意：电子齿轮的设定必须在伺服 OFF 状态进行。
PA13	指令脉冲输入形态	0201	用于指令输入脉冲串滤波器的选择和指令输入脉冲串形态的选择。
PD01	输入信号自动 ON 选择 1	0C00	用于设置伺服 ON（SON）、比例控制（PC）、外部转矩限制选择（TL）正转行程末端（LSP）、反转行程末端（LSN）等信号的输入值。
PC01	速度加速时间常数	3000	设定从 0r/min 开始到达到额定转速的加速时间（范围：0~50000）。例：对于额定转速为 3000r/min 的伺服电机，要在 1s 完成从 0r/min 到 1000r/min 的加速，则设置该常数为 3000。
PC02	速度减速时间常数	3000	请设定从额定转速到 0r/min 的减速时间（范围：0~50000）

2. 工作站中的位置传感器

如图 4-5 所示，工作站中的仓储单元、分拣单元、压装单元等均装有漫反射光电传感器，用于检测判定检测范围内是否有目标物体。工作站的执行单元、压装单元中均装有槽型光电传感器，用于检测判断工件的状态。执行单元内共有三处装有槽形光电传感器即伺服滑台两端的极限位置以及伺服滑台原点位置。通过对传感器检测状态的采集，上层控制器可判断当前滑台（工业机器人本体）的位置，防止伺服滑台运动的超限以及判断其回原点动作是否到位。

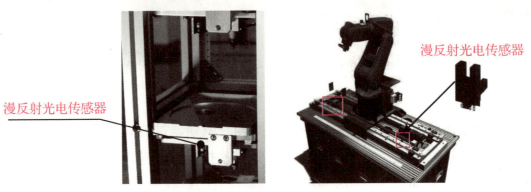

图 4-5　工作站中的传感器

知识测试

一、填空题

1. 在将伺服驱动器接入控制系统之前，需先对伺服驱动器进行_____。
2. 工作站中的仓储单元、分拣单元、压装单元等均装有_____传感器，用于检测判定检测范围内是否有目标物体。
3. 电子齿轮的设定必须在_____状态进行。

二、简答题

1. 列举伺服驱动器初始化后所需设置的参数。
2. 简述工作站中位置传感器的功能。

任务页——常用电机及传感器参数配置与调试

工作任务	常用电机及传感器参数配置与调试	教学模式	理实一体
建议学时	参考学时共4学时，其中相关知识学习2课时；学员练习2课时	需设备、器材	工业机器人集成应用设备、伺服驱动软件、USB通讯线
任务描述	完成伺服驱动器及光电传感器的参数设置及调试		
职业技能	4.2.1 能根据任务需求设置电机运动速度、正反转、输入电压等参数。 4.2.2 能按照任务需求调试电机运动速度、正反转、输入电压等参数。 4.2.3 能根据任务需求调试常用传感器位置和参数		

4.2.1 伺服电机参数设置与调试

任务实施

1. 伺服驱动器参数设置

在伺服驱动软件中进行参数设置的具体操作步骤如下。

执行单元伺服驱动器参数设置与调试

（1）根据案例所用伺服驱动器型号，下载并安装对应的_____，如右图所示。

（2）使用USB通讯线，一端连接至伺服驱动器的_____。

（3）使用USB通讯线的另一端连接安装了伺服软件MR Configurator2 的_____，开始进行参数的设定。

续表

(4) 打开计算机上的 _____ 软件，软件界面如右图所示。	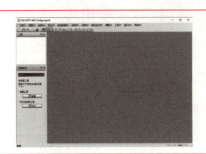
(5) 单击软件界面下伺服助手的 _____，或者单击菜单栏的工程，新建工程。	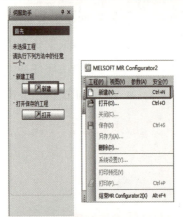
(6) 在弹出的"新建"对话框中选择伺服驱动器型号对应的 _____，然后单击"确定"，完成新工程的创建。 案例所用的伺服驱动器是 MR-JE-40A，故机种选为"_____"，如右图所示。	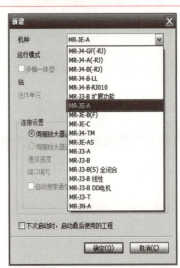
(7) 单击"_____"，完成新工程的创建。	

续表

（8）软件界面中弹出如右图所示对话框，单击"_____"。	
（9）在打开的参数设置界面（如右图所示）中，查找所需进行设定的参数。 参数设置界面可以通过双击工程树的"_____"，或者菜单栏的"参数–参数设置"打开。	
（10）在参数设置的项目树下，单击"列表显示"，各参数将以列表形式显示。 ____：参数 PA01～PA32 以列表形式显示； 增益•滤波器：参数 PB01～PB64 以列表形式显示； 扩展设置：参数 PC01～PC80 以列表形式显示； ____：参数_____以列表形式显示； 扩展设置 2：参数 PE01～PE64 以列表形式显示； ____：参数 PF01～PF48 以列表形式显示。	
（11）选择"_____"，显示基本参数的列表。如右图所示，基本设置的参数包含 PA01～PA32。	

续表

（12）在基本设置列表中，选择 PA01 所在行，然后在 PA01 行的_____中输入所需设定的参数值（如右图所示）。	
（13）完成 PA01 参数值输入后，点击"_____"，如右图所示。 轴写入：将参数设置画面中显示的有效参数写入伺服驱动器中，即所有参数一次性写入。	
（14）弹出右图所示对话框，单击"是"，PA01 的_____被写入伺服驱动器中，完成参数 PA01 的设置（即伺服电机控制模式的设置）。	
（15）参照设置参数 PA01 的方法，运用_____完成伺服电机参数 PA06、PA07 和 PA13 的设置。	
（16）选择"_____"（如右图所示），参照设置参数 PA01 的方法，完成参数 PC01 和 PC02 的设置。	
（17）选择"_____"，参照设置参数 PA01 的方法，完成参数 PD01 的设置。	
（18）完成伺服驱动器参数的设置后，建议_____以保证参数及时生效。	

2. 伺服电机调试

伺服驱动器参数设置完成后，需对伺服驱动器及电机进行性能测试及调试，通过驱动器软件实现电机的_____及速度的控制，详细步骤如下。

（1）在保证轴参数写入完成后，点击_____。	

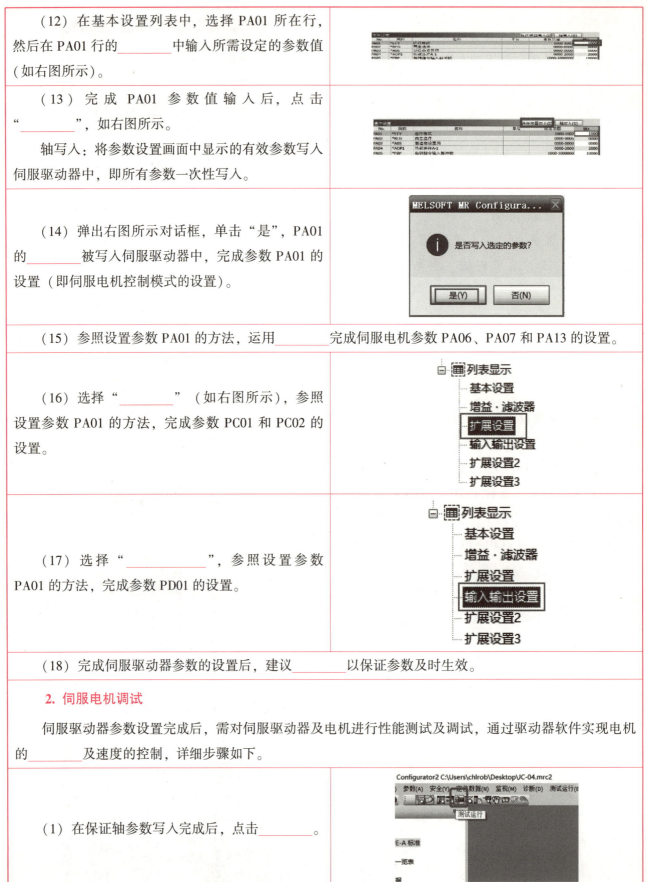

续表

（2）选择_____。	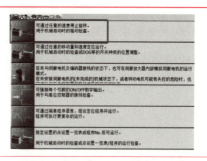
（3）单击"确定"。	
（4）单击"确定"。	
（5）此界面可自定义电机转速、_____。 完成设置后，可分别选择正转或者反转控制电机的运行状态，然后观察电机运行状态是否与设备的参数保持_____，如电机按照预期的情况运行，则电机参数设置及调试完成。	

4.2.2 位置传感器参数设置与调试

任务实施

1. 安全使用注意事项

（1）请勿在以下场所使用。

① 日光直射场所。

② 湿度高或易结露场所。

③ 含_____气体场所。

④ 振动或冲击能直接传送到传感器场所。

（2）电源关闭时，可能会出现_____，所以建议先关闭负载或负载线的电源。

（3）本类传感器具有_____功能、请勿将负载短路。勿使超过额定的电流通过负载。

发生负载短路时，输出会变成 OFF，请对回路进行修正后再接通电源。短路保护回路也会重新调整。另外，当回路中通过_____以上的额定负载电流时，负载短路保护功能也会动作。所以接 L 负载时确保通过的电流小于额定负载电流的 1.8 倍。

（4）虽然防水等级为 IP67，但最好避免在水中、雨中和室外使用。

续表

2. 漫反射光电传感器调试 案例中使用的光电传感器的检测距离可在 5~100mm 范围内调整,初始设定传感器处于 L 档位。具体光电传感器调试步骤如下。	 漫反射光电传感器调试 设置与调试
(1) 将传感器的动作转换开关旋转至＿＿＿＿档位。	
(2) 将一个轮毂零件放置到＿＿＿＿中。 此时观察传感器的指示灯,如传感器参数适合,此时动作显示灯应为＿＿＿亮起状态。如此时显示灯未亮起,则需进行检测距离的设定。	
(3) 通过距离设定进行调节,此时需在原检测距离的基础上往＿＿＿调节,直至传感器的动作显示灯亮,即检测近距离内有物体。	
(4) 然后将仓位内＿＿＿＿手动取走,使仓位处于空闲状态,观察检测状态是否发生变化。 如未发生变化即动作显示灯未熄灭,需继续调节距离设定旋钮,直至仓位空闲时指示灯＿＿＿＿,有零件时动作指示灯＿＿＿＿。	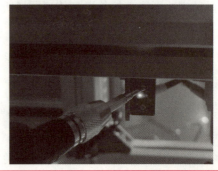

续表

任务评价

1. 任务评价表

评价项目	比例	配分	序号	评价要素	评分标准	自评	教师评价
6S职业素养	30%	30分	①	选用适合的工具实施任务，清理无须使用的工具	未执行扣6分		
			②	合理布置任务所需使用的工具，明确标识	未执行扣6分		
			③	清除工作场所内的脏污，发现设备异常立即记录并处理	未执行扣6分		
			④	规范操作，杜绝安全事故，确保任务实施质量	未执行扣6分		
			⑤	具有团队意识，小组成员分工协作，共同高质量完成任务	未执行扣6分		
常用电机及传感器参数配置与调试	70%	70分	①	能根据任务需求，设置伺服电机参数	未掌握扣20分		
			②	能根据任务需求，调试伺服电机	未掌握扣20分		
			③	能根据任务需求调试位置传感器	未掌握扣30分		
合计							

2. 活动过程评价表

评价指标	评价要素	分数	得分
信息检索	能有效利用网络资源、工作手册查找有效信息；能用自己的语言有条理地去解释、表述所学知识；能将查找到的信息有效转换到工作中	10	
感知工作	是否熟悉各自的工作岗位，认同工作价值；在工作中，是否获得满足感	10	
参与状态	与教师、同学之间是否相互尊重、理解、平等；与教师、同学之间是否能够保持多向、丰富、适宜的信息交流探究学习、自主学习不流于形式，处理好合作学习和状态独立思考的关系，做到有效学习；能提出有意义的问题或能发表个人见解；能按要求正确操作；能够倾听、协作分享	20	
学习方法	工作计划、操作技能是否符合规范要求；是否获得了进一步发展的能力	10	

续表

评价指标	评价要素	分数	得分
工作过程	遵守管理规程，操作过程符合现场管理要求；平时上课的出勤情况和每天完成工作任务情况；善于多角度思考问题，能主动发现、提出有价值的问题	15	
思维状态	是否能发现问题、提出问题、分析问题、解决问题	10	
自评反馈	按时按质完成工作任务；较好地掌握了专业知识点；具有较强的信息分析能力和理解能力；具有较为全面严谨的思维能力并能条理明晰表述成文	25	
总分		100	

任务 4.3　机电集成系统维护

本任务将详细讲解工作站的维护方法,包括工业机器人系统的点检、备份及升级,PLC固件升级和文件备份方法以及视觉检测系统的参数设置和文件备份方法。

任务页——机电集成系统维护

工作任务	机电集成系统维护	教学模式	理实一体
建议学时	参考学时共 4 学时,其中相关知识学习 2 课时;学员练习 2 课时	需设备、器材	工业机器人集成应用设备、伺服驱动软件、USB 通讯线
任务描述	完成伺服驱动器及光电传感器的参数设置及调试		
职业技能	4.3.2　能按照维护保养手册要求,进行工业机器人固件升级、软件参数的设置和备份。 4.3.3　能按照维护保养手册要求,进行工业机器人周边电气设备固件升级、软件参数的设置和备份、线路的检查或更换		

4.3.1　工业机器人系统备份与升级

任务实施

1. 工业机器人系统备份

在对工业机器人进行操作前备份机器人系统,可以有效地避免操作人员对工业机器人系统文件误删所引起的故障。除此之外,在工业机器人系统遇到无法重启或者重新安装新系统时,可以通过恢复工业机器人系统的备份文件解决。机器人系统备份文件中,是所有储存在运行内存中的 _____ 和 _____。

工业机器人系统的备份

提示:系统备份文件具有 _____,只能恢复到原来的进行备份操作的工业机器人中去,否则会引起故障,具体方法如下。

(1) 连接 USB 存储设备与示教器,然后进入 "_____" 界面。

续表

（2）选择"_____"。	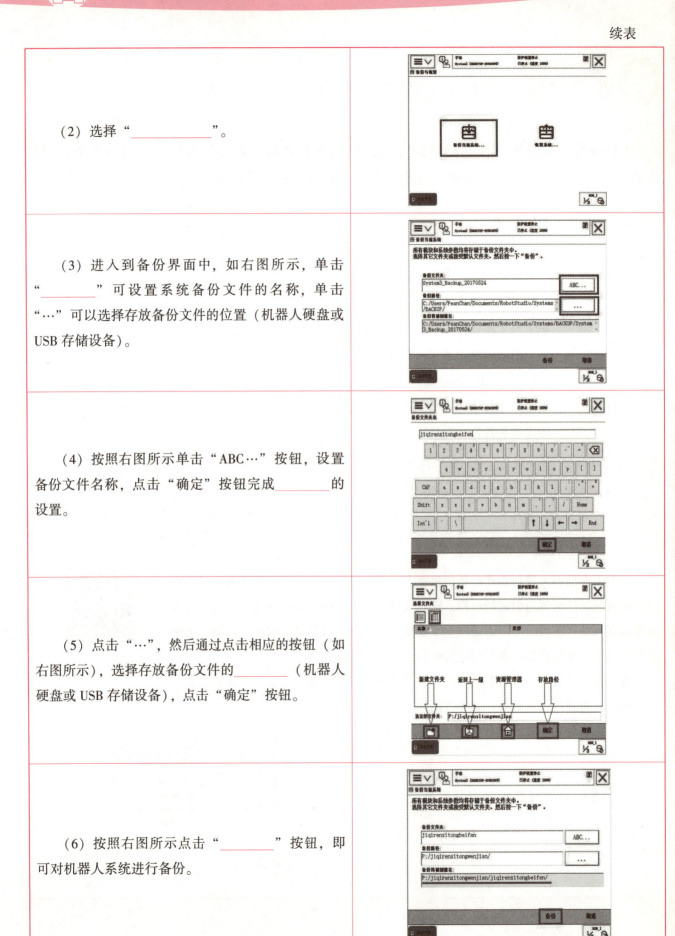
（3）进入到备份界面中，如右图所示，单击"_____"可设置系统备份文件的名称，单击"…"可以选择存放备份文件的位置（机器人硬盘或USB存储设备）。	
（4）按照右图所示单击"ABC…"按钮，设置备份文件名称，点击"确定"按钮完成_____的设置。	
（5）点击"…"，然后通过点击相应的按钮（如右图所示），选择存放备份文件的_____（机器人硬盘或USB存储设备），点击"确定"按钮。	
（6）按照右图所示点击"_____"按钮，即可对机器人系统进行备份。	

续表

（7）如右图所示，出现"创建备份。请等待！"，等待文件备份的完成，界面消失后，即完成了对_____的备份。	
（8）工业机器人系统文件被导出保存到_____中（如右图所示）。	

2. 工业机器人系统升级

　　_____是机器人的操作系统，为基础机器人编程和运行提供了所有必要的功能，是机器人的固有部分，但也可以单独进行升级。进行升级前建议进行_____，具体工业机器人系统升级的步骤如下。

　　注意：在新建 RobotWare 系统或升级现有系统时需使用 RobotWare 许可密钥。

（1）准备系统升级所需工具，安装了 RobotStudio 的 PC、_____一根。	
（2）在已安装的 RobotStudio 软件中下载需要升级的 Robotware 版本，选择完毕后单击"_____"进行下载。	
（3）设置 PC 的 IP 地址，使其与需要升级的机器人 IP 地址处于_____。 在 PC 端 RobotStudio 软件中，依次点击文件-在线-安装管理器。	

续表

（4）选择网络选项卡，在控制器列表中待升级控制器并单击_____。安装管理器从控制器提取信息。选择希望修改的系统并按下_____按钮。

注意：系统必须被激活才可以进行修改操作。

（5）单击_____，产品选项卡会被选中，属于所选系统的全部产品和插件将会在此显示。

要升级/降级产品，请选择对应的系统版本，然后单击_____。

要移除产品，请选择对应的系统版本，然后单击_____。

（6）单击下一步，许可选项卡将会被选中，所选系统的_____将会在此显示，可以在此添加/删除许可。

（7）单击下一步，选项选项卡会被选中，此时_____。

（8）单击下一步，确认选项卡会被选中，并会显示_____。

（9）单击_____，使系统升级生效。

注意：一旦安装完成，将会显示重启控制器对话框，单击"是"将重启控制器。单击"否"可稍后手动重启控制器，控制器会保存新系统或修改后的系统，所有变化将在下次_____后生效。

4.3.2 机电集成系统电气设备维护

任务实施

1. PLC 固件更新和文件备份

1）固件更新

PLC 固件更新具体操作步骤如下。

将固件更新下载到存储卡中

（1）将不受写保护的空白_____插入与计算机相连的 SD 卡读卡器/写卡器中。

注意：

如果卡处于_____状态，则应滑动保护开关，使其离开"_____"位置。

请勿删除存储卡上的"____LOG____"和"crdinfo.bin"隐藏文件。存储卡必须包含"____LOG____"和"crdinfo.bin"文件。如果删除了这些文件，将无法在 CPU 中使用该存储卡。

要重复使用存储卡，必须在下载固件更新前删除_____文件以及任何现有"数据日志"文件夹或任何文件夹（如"SIMATIC.S7S"或"FWUPDATE.S7S"）。

（2）Siemens 工业在线支持网页提供了多个版本的固件更新文件，选择对应的_____，然后将其下载到计算机中。

双击该文件，将该文件的目标路径设置为_____，然后开始解压缩。解压缩完成之后，存储卡的根目录中将包含一个"FWUPDATE.S7S"目录和一个"S7_JOB.S7S"文件。

（3）从_____中安全弹出卡。

安装固件更新

（4）在安装固件更新之前，请确定 CPU 当前_____。

安装固件更新程序时 CPU 将切换到_____模式，这可能会影响在线操作或机器的运行。意外的过程操作或机器操作可能会导致人身伤害或财产损失。

在插入存储卡前，请务必确保 CPU 处于_____模式且处于安全状态。

续表

（5）将存储卡插入 CPU 中。如果 CPU 处于_____模式，则 CPU 将切换到 STOP 模式。维护（MAINT）LED_____，表示需要对存储卡进行评估。

（6）对 CPU 进行通电以_____。

另一种重启 CPU 的办法是通过 STEP 7 执行_____或存储器复位（MRES）。

注意：要完成模块的固件更新，必须确保模块的 24 V DC 电源保持接通。

（7）CPU 重启之后，将开始执行固件更新。RUN/STOP LED 呈_____交替闪烁，表示正在复制更新程序。

等到 RUN/STOP LED 为_____且 MAINT LED_____时，表示复制过程已完成。然后必须取出存储卡。

（8）取出存储卡后，再次_____（通过重新通电或其他重新启动方法）以装载新固件程序。

用户程序和硬件配置将不受固件更新的影响。CPU 通电后，CPU 将进入组态后的启动状态。如果 CPU 的启动模式已组态为"暖启动-断电前的模式"，CPU 将处于_____模式，因为 CPU 的前一个状态为 STOP。

（9）如果硬件配置包含多个与存储卡上单个固件更新文件相对应的模块，则 CPU 将按_____（即按模块在 STEP 7 设备组态中的位置的升序）对所有适用模块（CM、SM 和 SB）应用更新。

如果已将多个模块的多个固件更新下载到存储卡，则 CPU 将按这些更新下载到存储卡的顺序应用更新。

2）PLC 文件上传

PLC 文件的备份一般指将设备中的程序上传到装有组态编程软件的 PC 中，此处以西门子 S7-1200 系列 PLC 程序的备份为例进行讲解，具体的步骤如下。

在进行程序的上传前，需完成 PLC 与 PC 之间的通信硬件接线，然后设置 PC 的_____，使其与 PLC 处于_____网段，且地址不重合。

（1）打开博途软件，创建_____。

然后添加新设备 Device Proxy。

续表

（2）依次在菜单栏中选择"在线"-"_____"。	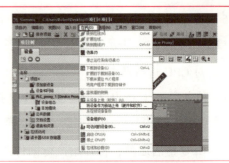
（3）按照右图所示设置接口信息后，单击"_____"。	
（4）选择需要进行程序备份的设备，单击"_____"。完成程序的上传即备份。	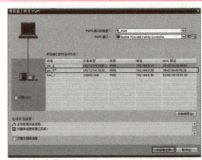

2. 视觉检测系统参数设置及文件备份

1) 设定系统的运行环境

当视觉检测系统设备第一次打开或初始化之后需要对设备进行_____的设置，包括：语言、运行模式、日期时间、启动设定。具体操作步骤如下。

视觉检测系统文件备份

日期和时间设定	
（1）确认内置日历的_____是否正确，如果不正确进行设定。 在主画面中单击"工具"，"_____"，如右图所示。	
（2）选择其他，单击_____。设定合适的时间。	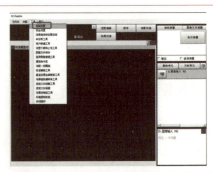

续表

语言设定

（1）在主画面中单击"工具"，"_____"，如右图所示。	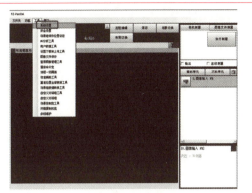
（2）单击启动设定，在右侧的"Language Setting"标签页中选择"简体中文"，点击"_____"重启后有效。	

启动设定

（1）在主画面中单击"_____"，"系统设置"，如右图所示。	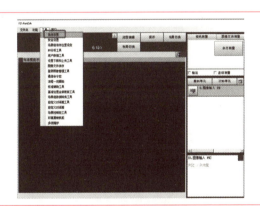
（2）单击启动设定，在"_____"标签页中，设置启动的布局及场景组，完成后单击使用。	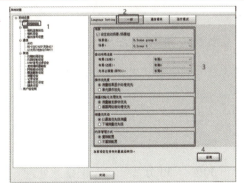

2）视觉文件备份

欧姆龙视觉检测系统文件备份步骤如下。

（1）将U盘插入_____USB口中。

续表

（2）单击_____，选择"保存文件"。

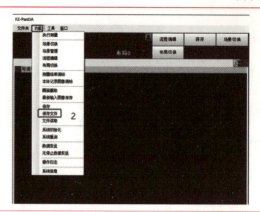

（3）选择_____，例如"系统设定+场景组0数据"，选择保存路径完成后单击"确定"。

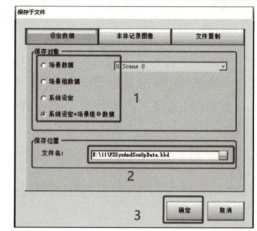

（4）完成文件的_____。

任务评价

1. 任务评价表

评价项目	比例	配分	序号	评价要素	评分标准	自评	教师评价
6S职业素养	30%	30分	①	选用适合的工具实施任务，清理无须使用的工具	未执行扣6分		
			②	合理布置任务所需使用的工具，明确标识	未执行扣6分		
			③	清除工作场所内的脏污，发现设备异常立即记录并处理	未执行扣6分		
			④	规范操作，杜绝安全事故，确保任务实施质量	未执行扣6分		
			⑤	具有团队意识，小组成员分工协作，共同高质量完成任务	未执行扣6分		

续表

评价项目	比例	配分	序号	评价要素	评分标准	自评	教师评价
机电集成系统维护	70%	70分	①	能进行工业机器人系统备份	未掌握扣10分		
			②	能进行工业机器人系统升级	未掌握扣20分		
			③	能进行PLC固件更新和文件备份	未掌握扣20分		
			④	能够进行视觉检测系统参数设置及文件备份	未掌握扣20分		
合计							

2. 活动过程评价表

评价指标	评价要素	分数	得分
信息检索	能有效利用网络资源、工作手册查找有效信息；能用自己的语言有条理地去解释、表述所学知识；能将查找到的信息有效转换到工作中	10	
感知工作	是否熟悉各自的工作岗位，认同工作价值；在工作中，是否获得满足感	10	
参与状态	与教师、同学之间是否相互尊重、理解、平等；与教师、同学之间是否能够保持多向、丰富、适宜的信息交流探究学习、自主学习不流于形式，处理好合作学习和状态独立思考的关系，做到有效学习；能提出有意义的问题或能发表个人见解；能按要求正确操作；能够倾听、协作分享	20	
学习方法	工作计划、操作技能是否符合规范要求；是否获得了进一步发展的能力	10	
工作过程	遵守管理规程，操作过程符合现场管理要求；平时上课的出勤情况和每天完成工作任务情况；善于多角度思考问题，能主动发现、提出有价值的问题	15	
思维状态	是否能发现问题、提出问题、分析问题、解决问题	10	
自评反馈	按时按质完成工作任务；较好地掌握了专业知识点；具有较强的信息分析能力和理解能力；具有较为全面严谨的思维能力并能条理明晰表述成文	25	
总分		100	

项目评测

项目四 机电集成系统调试工作页

项目知识测试

一、选择题

1. 下图所示为欧姆龙 E3Z-LS81 漫反射光电传感器,其中框选开关的作用是( )。

   A. 调整检测距离　　B. 调整检测宽度　　C. 动作转换开关　　D. 都不是

2. ABB 工业机器人系统备份的内容不包括( )。

   A. RAPID 程序　　　　　　　　　　B. 系统参数

   C. Robotware 系统库文件　　　　　D. 以上均不是

3. 进行工业机器人系统升级时需要设置与其连接 PC 的 IP 地址,使两者 IP 地址处于同一网段。假如机器人的 IP 地址是 192.168.1.10,那么 PC 端的 IP 地址可以设置为( )。

   A. 192.168.1.10　　　　　　　　　B. 192.168.1.20

   C. 192.168.2.1　　　　　　　　　　D. 192.168.0.1

4. 进行 S7-1200 系列 PLC 固件升级的时候,如果采用 SIMATIC 存储卡进行固件更新,安装固件更新程序时 CPU 运行模式有什么变化( )。

   A. 运行模式不变　　　　　　　　　B. RUN 模式切换到 STOP 模式

   C. STOP 模式切换到 RUN 模式　　　D. 模式指示灯熄灭

5. PLC 文件的备份一般是指( )。

   A. 将装有组态编程软件的 PC 中的程序上传到 PLC 中。

   B. 将设备中的程序上传到装有组态编程软件的 PC 中。

   C. 将 PC 中的程序下载到设备中。

   D. 以上都不是。

6. 伺服驱动器有三种控制方式,不同的控制方式需要设置不同的参数值。下列选项中不属于伺服电机控制方式的是( )。

   A. 转矩控制　　B. 位移控制　　C. 速度控制　　D. 位置控制

7. 步进电机的功率( ),转子直径增大,惯量增大。

   A. 不变　　　B. 减小　　　C. 增加　　　D. 无直接关系

8. 触摸屏与 PLC 需要进行通信配置以建立两者间的通讯。若 PLC 的 IP 地址为是 192.168.1.0,那么触摸屏的 IP 地址可以设置为( )。

   A. 192.168.0.1　　B. 192.168.1.0　　C. 192.168.2.1　　D. 192.168.1.1

9. 工业机器人系统的( )是安装在机器人本体或控制系统内的,用于感知机器人内部状态,以调整并控制机器人的行动。

   A. 外部传感器　　B. 内部传感器　　C. 距离传感器　　D. 视觉传感器

续表

二、多选题

1. 调试 EE-SX672P-WR 槽型光电传感器时，需要注意的事项包括（　　）。

A. 不要超过规定的电压范围。

B. 不要反转电源极性，这样做可能会导致破裂或燃烧。

C. 不要短路负载，这样做可能会导致破裂或燃烧。

D. 虽然防水等级为 IP67，但最好避免在水中、雨中和室外使用。

2. ABB IRB120 工业机器人的关节一轴、二轴、三轴处均设有阻尼器，目测检查阻尼器时，出现哪些情况需要进行更换（　　）。

A. 裂纹　　　　　B. 印痕超过 1mm　　　　　C. 连接螺钉变形　　　　　D. 阻尼器不完整

职业技能测试

一、工业机器人编程调试

设置工业机器人工作原点 Home（参考值如下，该数值对应工业机器人的姿态为五轴垂直向下，其余关节轴均为 0°），Home：= [[0, 0, 0, 0, 90, 0]，[9E+09, 9E+09, 9E+09, 9E+09, 9E+09, 9E+09]]。

（1）示教编写工业机器人程序，实现工业机器人可以由 Home 点出发自动完成夹爪工具的拾取和释放，最后返回至 Home 点。

（2）在手动模式下，编写并调试运行搬运程序 MPalletizing1，实现工业机器人从斜台拾取工件，搬运至码垛平台。当 FrPDigOption 值为 1 时，搬运 3 块工件并依次放置到平台；当 FrPDigOption 值为 0 时，搬运 2 块工件并依次放置到平台。

（3）确认在手动模式下程序运行无误后，在主程序中依次调用夹爪工具拾取程序、搬运程序 MPalletizing1 和释放工具程序，自动模式下与 PLC 及触摸屏联合调试，实现工件数量可选的自动搬运操作。

（4）将工业机器人的系统文件备份至 U 盘中，并储存到电脑的"D：\技能考核"文件夹中。

要求：工业机器人在整个运行过程中与设备不发生干涉碰撞。

二、周边设备编程调试

编写并下载触摸屏程序及 PLC 控制程序，实现可以在触摸屏上选择工业机器人搬运工件的数量，要求触摸屏背景为工作站全景图片（"D：\初级考核"文件夹中提供），界面上包含"搬运 2 件工件"和"搬运 3 件工件"两个按钮，与变量 M0.0 关联。

触摸屏上选择搬运工件的数量后，信号经 PLC 传送至工业机器人端，工业机器人根据输入信号的状态值执行不同搬运程序，按照顺序码放对应数量的工件：当 Q3.4 输出值为 0 时，即 FrPDigOption 值为 0 时，工业机器人安装夹爪工具，然后按照下图所示位置抓取斜台处工件，并按照顺序搬运工件至 1 号和 2 号位置；当 Q3.4 出输出值为 1，即 FrPDigOption 值为 1 时，工业机器人安装夹爪工具，然后按照右图所示位置抓取斜台处工件，并按照顺序搬运工件至 1-3 号位置。

续表

注意：工作站通信硬件接线已经完成，进行编程前需根据硬件设备完成 PLC 控制器及输入输出模块的组态。

编程所涉及的 PLC 端输入输出信号和中间变量 Q3.4 值为 0 时，表示选择 2 件工件；值为 1 时，表示选择 3 件工件。中间变量 Q3.4 处于 PLC 设备 SM1223 DC_ 1 端口 4 处，对应的硬件设备为标准 IO 板 DSQC 652。

参 考 文 献

[1] 龚克崇,盖仁栢.设备安装技术实用手册[M].北京:中国建材工业出版社,1995:176-180.

[2] 吴卫荣.气动技术[M].北京:中国轻工业出版社,2005:73-75.

[3] 宋成芳,魏峥.计算机辅助设计SolidWorks[M].北京:清华大学出版社,2010:340-347.

[4] 谷德桥,胡仁喜等.SolidWorks2011中文版机械设计从入门到精通[M].北京:机械工业出版社,2011:2-12.

[5] 赵显日.三维特征建模在机械设计与制造中的应用[D].锦州:辽宁石化职业技术学院,2018:1.

[6] 张春芝,钟柱培,许妍妩.工业机器人操作与编程[M].北京:高等教育出版社,2018.

[7] 张春.深入浅出西门子S7-1200PLC[M].北京:北京航空航天大学出版社,2009.

[8] GB 11291.2—2013 机器人与机器人装备 工业机器人的安全要求 第2部分:机器人系统与集成.

[9] GB 11291.1—2011 工业环境用机器人 安全要求 第1部分:机器人.

[10] GB/T 20867—2007 工业机器人 安全实施规范.

[11] 北京华航唯实机器人科技股份有限公司.工业机器人集成应用(ABB)初级[M].北京:高等教育出版社,2021.